U0347211

碳达峰、碳中和100问

陈迎　巢清尘等——编著

人民日报出版社
北　京

图书在版编目（CIP）数据

碳达峰、碳中和100问 / 陈迎等编著. — 北京：人民日报出版社，2021.3

ISBN 978-7-5115-6953-0

I. ①碳… II. ①陈… III. ①二氧化碳－排气－问题解答 IV. ①X511-44

中国版本图书馆CIP数据核字（2021）第043831号

书　　名：碳达峰、碳中和100问
　　　　　TANDAFENG TANZHONGHE 100WEN
作　　者：陈　迎　巢清尘等

出 版 人：刘华新
责任编辑：蒋菊平　梁雪云
版式设计：九章文化

出版发行：人民日报出版社
社　　址：北京金台西路2号
邮政编码：100733
发行热线：(010) 65369527　65369512　65369509
邮购热线：(010) 65369530　65363527
编辑热线：(010) 65369528　65369526
网　　址：www.peopledailypress.com
经　　销：新华书店
印　　刷：大厂回族自治县彩虹印刷有限公司
法律顾问：北京科宇律师事务所　010-83622312

开　　本：710mm×1000mm　1/16
字　　数：133千字
印　　张：13.75
版次印次：2021年3月第1版　　2022年7月第11次印刷

书　　号：ISBN 978-7-5115-6953-0
定　　价：39.00元

《碳达峰、碳中和100问》编写委员会

学术指导

杜祥琬　中国工程院院士，国家气候变化专家委员会名誉主任、第二届委员会主任，国家能源咨询专家委员会副主任

丁一汇　中国工程院院士，国家气候变化专家委员会副主任，中国气象局国家气候中心首任主任

周大地　国家发展和改革委员会能源研究所前所长，中国能源研究会常务副理事长，国家气候变化专家委员会委员、资深研究员

翟盘茂　IPCC第六次评估报告第一工作组联合主席，国家气候变化专家委员会委员，中国气象科学研究院研究员

张永生　中国社会科学院生态文明研究所所长、研究员

编写专家

陈　迎　中国社会科学院生态文明研究所研究员，中国社会科学院可持续发展研究中心副主任

巢清尘　中国气象局国家气候中心副主任、研究员

黄　磊　中国气象局国家气候中心研究员

王　谋　中国社会科学院生态文明研究所研究员，中国社会科学院可持续发展研究中心秘书长

张永香　中国气象局国家气候中心副研究员

张　莹　中国社会科学院生态文明研究所副研究员

姜克隽　国家发展和改革委员会能源研究所研究员

其他参与编写人员

吕献红　天津农业大学经济管理学院讲师

康文梅　中国社会科学院大学博士生

苏虹任　中国社会科学院大学硕士生

蒲林波　中国社会科学院大学硕士生

吉治璇　中国社会科学院大学硕士生

张子约　清华大学社会学系本科生

代序

Preface

碳达峰与碳中和引领能源革命

在《巴黎协定》签署5周年之际，中国向世界宣示了2030年前实现碳达峰，2060年前力争实现碳中和的国家目标。这不仅是我国积极应对气候变化的国策，也是基于科学论证的国家战略。它更清晰了“能源革命”的阶段目标，也要求我们为低碳能源转型做出更为扎实、积极的努力。

能源转型是人类文明形态不断进步的历史必然。煤、油、气等化石能源的发现和利用，极大地提高了劳动生产力，使人类由农耕文明进入工业文明，这是典型的能源革命。但200多年来，工业文明也产生了严重的环境、气候和可持续性问题。现代非化石能源的进步，正在推动人类由工业文明走向生态文明，并在推动新一轮能源革命。

不过，全球和中国能源结构转型的三个阶段呈现的特征存在差异。全球能源结构转型第一阶段以煤炭为主，1913年，煤炭占全球一次能源的70%。但经过几十年全球能源转入油气为主的第二阶段，现在正从油气为主转向非化石能源为主的第三阶段。我国能源结构的第一阶段也是从煤炭为主，但第二阶段不会以油气为主，而是多元架构阶段，即化石能源和非化石能源多元发展、协调互补、此消彼长，逐步向绿色、低碳、安全、高效转型，进而实现电气化、智能化、网络化、低碳化。我们也将转入第三阶段，即以非化石能源为主的阶段。

改革开放以来，我国能源的快速增长支撑了经济的高速发展，能效明显提高，能源结构也有改善，但还难言能源革命，而产业偏重、能效偏低、结构高碳的粗放增长使得环境问题日趋凸显。

近年来，我国已将能源强度、碳强度列入政府考核指标，能源弹性系数逐步下降。但目前我国能源强度依然是世界平均水平的1.3倍，这显然是不可持续的。如果这一数字降至1.0，就意味着同等规模的GDP可节省十几亿吨标准煤。

2030年前实现碳达峰，仅剩不到十年。因此，“十四五”期间的能源规划极为重要，它将为2030年前碳达峰做好铺垫，为2060年前实现碳中和明确路径。

“十四五”期间我国需要对节能提效做出明确要求。节能提效应为我国能源战略之首，是保障国家能源供需安全和能源环境安全的第一要素。特别是在当前以化石能源为主的能源结构下，节能提效应是减排的主力。从能源生产来说，就是由黑色、高碳逐步转向绿色、低碳，从以化石能源为主转向以非化石能源为主。

“十四五”期间，能源行业要走上高质量发展新征程。化石能源要尽可能适应能源转型需要，如煤炭要实现清洁高效利用，石油行业仍要“稳油增气”，且要大力发展非化石能源。我国要以较低的能源弹性系数（小于0.4%），满足能源消费2%的年增速，需主要依靠“非化石能源+天然气”。这是对内推进能源革命、对外构建人类命运共同体的融合点，是推动形成国内国际双循环相互促进新发展格局的抓手。

需要指出的是，当前社会经济发展正在促进可再生能源快速增长，生产、储能等成本显著下降。2010—2019年，全球范围内光伏发电、光热发电、陆上风电和海上风电项目的加权平均成本已分别下降82%、47%、39%和29%。可再生能源从十年前的“微不足道”变得“举足轻重”，也必将从“补充能源”逐步发展为“主流能源”。

以分布式低碳能源网络为例，它可以自发自用、寓电于民，与集中式电网互动。如果我国能够发展一大批这样的能源“产销者”，就可以减缓“西电东送”和“北煤南运”的压力。这并非纸上谈兵。2017年前，河南开封兰考县用的基本上是以煤电为主的外来电，经过三年能源革命试点，目前该县已经以自发自用电为主。

通过水电、核电、风电、太阳能、生物质能、地热以及储能技术、新能源汽车等技术领域和综合能源服务、智能电网、微网、虚拟电厂等新业态的进一步发展，预计到2025年，我国非化石能源在一次能源中占比将达到20%，电力在终端能源中占比将超30%，非化石能源发电装机占比将达50%，发电量占比超40%。

届时，可再生能源将担当大任，成为“十四五”期间能源增量主体，煤炭消耗不再增长，率先实现“煤达峰”，甚至“煤过峰”。“十五五”期间，通过非化石能源增长（包括电动汽车在内）和再电气化，中国东部地区/城市率先在2030年前实现碳达峰，这是非常清晰的目标。

在碳达峰的基础上进一步实现碳中和，就要做到碳排放与碳汇持平。从这个角度来看，目前，世界温室气体排放主要是二氧化碳，占73%。2019年，全球能源相关二氧化碳排放量约为330亿吨，其次是甲烷。2006年以后，中国成为世界第一大排放国。我国提出“碳中和”国家战略目标，意味着能源转型将迈出更加积极的步伐。

在以化石能源为主的今天，全球和中国降碳的主要措施有三条：首要措施应是“提能效、降能耗”，特别是从建筑、交通、工业、电力等方面入手，高度重视调整产业结构，同时加强技术进步；其次是“能源替代”，应高比例发展非化石能源，特别是可再生能源；最后是“碳移除”，增加碳汇，大力发展碳捕集、利用与封存（CCUS）技术等。

碳达峰和碳中和的目标对我国是挑战，转型不力将会导致能源系统和技术的落后；但更是机遇，它将催生新的产业、新的增长点和新的投资，实现经济、能源、环境、气候的可持续发展。现在，我们正处在能源产业和时代发展的拐点上，尤其是在碳中和的目标之下，未来的能源生产、储备和消费将会发生重要的变化。

实现碳达峰和碳中和的目标，需要全社会共同努力，坚持不懈地推进。中国社会科学院生态文明研究所陈迎研究员、中国气象局国家气候中心巢清尘副主任与人民日报出版社共同策划编写《碳达峰、碳中和100问》，通过问答的方式深入浅出地阐明碳达峰、碳中和的一些核心和关键问题，旨在面向全社会加强宣传，提高社会公众尤其是党员领导干部对碳达峰、碳中和的认识，我认为很有意义，非常支持。

谨以此文代序。

中国工程院院士 杜祥琬

2021年2月16日

前言

2020年9月，中国宣布二氧化碳排放力争于2030年前达到峰值，努力争取2060年前实现碳中和的目标后，全球应对气候变化的热情被重新点燃，中国成为全球低碳实践的创新者、引领者。“碳达峰、碳中和”成为媒体的热词和全社会关注的焦点。编写组成员在多个场合参加活动时发现不同知识背景的人对概念的科学内涵、政策含义、实现路径均存在不同的理解。恰逢人民日报出版社有意出版相关内容的读本，大家一拍即合，说干就干。

此读本试图给关注“碳达峰、碳中和”的读者提供较为全面系统的知识介绍。在问题安排的设计上，第一章从认识高度切入，明确碳达峰、碳中和对我国全面建设社会主义现代化强国的重要意义。之后沿着从哪儿来、到哪儿去、怎么做的逻辑展开。第二章介绍“碳达峰、碳中和目标”的背景和科学基础。读者了解气候变化对自然生态系统和人类社会经济发展的影响，进一步深入理解实施碳达峰、碳中和目标的必要性。第三章介绍实现碳达峰、碳中和目标的政策行动，强调需要社会经济全面转型，探讨各领域各部门如何转型，这种转型将面临怎样的挑战和机遇。第四章号召全社会共同努力，强调每个人都可以为实现碳达峰、碳中和目标贡献力量。

为找准读者关心的问题，编写组前后设计了多套问题，制作了微信版公众调查问卷。收回近200份问卷，其中男性占55%，女性占45%。45岁以下占59%，45岁以上占41%。国家机关和事业单位人员占69%，企业人员占17%，学生占9%，其他人员占5%。我们设计的问题均获得70%以上的关注度。同时，问卷还设置了开放性问题，请读者提出希望了解的问题。根据对这些问卷的分析，编写组进一步完善调整了相关问题。

《碳达峰、碳中和100问》由中国社会科学院生态文明研究所和中国气象局国家气候中心牵头，组织了国内相关领域专家共同编撰。编写组查阅了大量文献资料，力图科学、通俗地阐释相关问题。由于涉及学科较多，受知识、时间所限，难免有不周全或疏漏之处，敬请读者批评指正，以便今后再版时补充完善。

编撰过程中，多位院士和专家给予了专业指导，人民日报出版社编辑也提出了宝贵意见，在此一并表示衷心感谢。本书的编撰和出版得到了科技部重点研发计划“气候变化风险的全球治理与国内应对关键问题研究”（2018YFC1509000）、中国社会科学院生态文明研究所创新工程项目“碳达峰、碳中和目标背景下的绿色发展战略研究”（2021STSB01）、国家社科基金重点项目“我国参与国际气候谈判角色定位的动态分析与谈判策略研究”（16AGJ011）、中英气候风险研究联合资助。

陈迎　巢清尘

2021年2月21日

目录
Contents

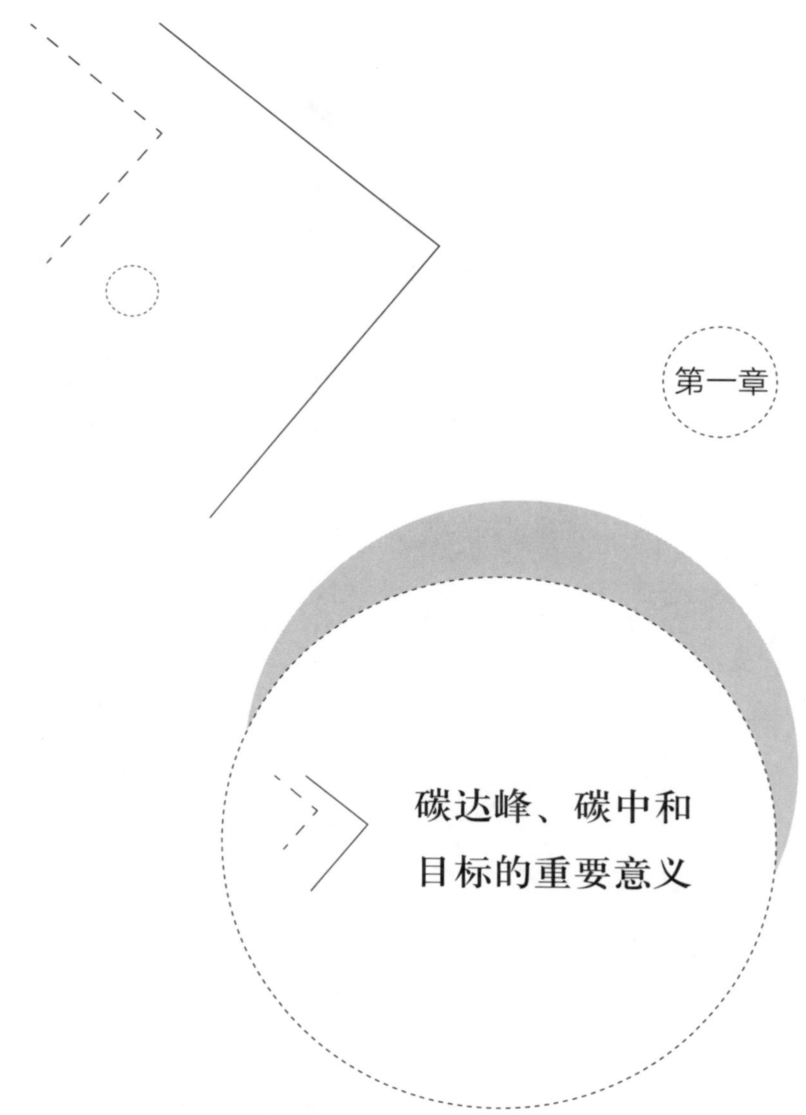

第一章

碳达峰、碳中和目标的重要意义

做好碳达峰、碳中和工作，首先要明确实现碳达峰、碳中和目标的重要意义。本章从碳达峰、碳中和的概念入手，分析我国提出碳达峰、碳中和目标对我国全面建设社会主义现代化强国的战略意义，与生态文明建设的紧密联系，聚焦“十四五”规划的关键时间节点，为后续深入理解碳达峰、碳中和目标的科学含义和政策行动做好准备。

1. 什么是碳达峰？什么是碳中和？

气候变化是人类面临的最严峻挑战之一。工业革命以来，人类活动燃烧化石能源、工业过程以及农林和土地利用变化排放的大量二氧化碳（CO_2）滞留在大气中，是造成气候变化的主要原因。除二氧化碳之外，具有增暖效应的温室气体还包括甲烷、氧化亚氮、氢氟碳化物、全氟化碳和六氟化硫。为了应对气候变化，促进人类社会的可持续发展，必须努力减少温室气体排放。

碳达峰是指全球、国家、城市、企业等主体的碳排放在由升转降的过程中，碳排放的最高点即碳峰值。大多数发达国家已经实现碳达峰，碳排放进入下降通道。我国目前碳排放虽然比2000—2010年的快速增长期增速放缓，但仍呈增长态势，尚未达峰。碳中和是指人为排放源与通过植树造林、碳捕集与封存（CCS）技术等人为吸收汇达到平衡。碳中和目标可以设定在全球、国家、城市、企业活动等不同层面，狭义指二氧化碳排放，广义也可指所有温室气体排放。对于二氧化碳，碳中和与净零碳排放概念基本可以通用，但对于非二氧化碳类温室气体，情况比较复杂。由于甲烷是短寿命的温室气体，只要排放稳定，不需要零排放，长期来看也不会对气候系统造成影响。

根据2020年12月全球碳项目（Global Carbon Project，GCP）发布的《2020年全球碳预算》报告估计，陆地和海洋大约吸收了全球54%的碳排放，那么是否全球减排一半就可以实现碳中和了呢？答案是否定的。需要特别强调的是，碳中和目标的吸收汇只包括通过植树造林、森林管理等人为活动增加的碳汇，而不是自然碳汇，也不是碳汇的存量。海洋吸收二氧化碳造成海洋的不断酸化，对海洋生态系统造成不利影响。陆地生态系统自然吸收的二氧化碳是碳中性的，并非永久碳汇。如森林生长期吸收碳，成熟期吸收能力下降，死亡腐烂后二氧化碳重新排放到空气中。一场森林大火还可能将森林储存的碳变为二氧化碳快速释放。因此，人为排放到大气中的二氧化碳必须通过人为增加的碳吸收汇清除，才能达到碳中和。

根据2018年政府间气候变化专门委员会（IPCC）1.5℃特别报告的主要结论，要实现《巴黎协定》下的2℃目标，要求全球在2030年比2010年减排25%，在2070年左右实现碳中和。而实现1.5℃目标，则要求全球在2030年比2010年减排45%，在2050年左右实现碳中和。无论如何，全球碳排放都应在2020—2030年尽早达峰。

2015年巴黎会议前夕，中国承诺2030年左右实现碳达峰，到2020年单位国内生产总值二氧化碳排放比2005年下降40%~45%，非化石能源占一次能源消费比重达到15%左右，森林面积比2005年增加4000万公顷，森林蓄积量比2005年增加13亿立方米。2020年9月22日，习近平主席在联合国一般性辩论时宣布中国2030年前碳排放达峰，2060年前实现碳中和。2020年12月12日，习近平主席在气候雄心峰会上进一步提出了中国国家自主贡献新举措，到2030年单位国内生产总值二氧化碳排放将比2005年下降65%以上，非化石能源占一次能源消费比重将达到25%左右，森林蓄积量将比2005年增加60亿立方米，风电、太阳能发电总装机容量将达到12亿千瓦以上。

为落实“双碳目标”，2020年12月18日，中央经济工作会议将“做好碳达峰、碳中和工作”作为2021年八大重点任务之一进行了部署。随后，各部门如生态环境部、国家能源局、工信部、国家发展改革委、中国人民银行等就推动碳达峰、碳中和工作密集发声。碳达峰、碳中和目标成为全社会热议的新话题。

2. 我国碳达峰、碳中和目标是基于什么考虑提出的?

气候变化是当今人类面临的重大全球性挑战。我国为了积极应对气候变化提出碳达峰、碳中和目标，一方面是我国实现可持续发展的内在要求，是加强生态文明建设、实现美丽中国目标的重要抓手；另一方面也是我国作为负责任大国履行国际责任、推动构建人类命运共同体的责任担当。从2020年9月22日在联合国一般性辩论发言，到12月12日纪念《巴黎协定》签署五周年在气候雄心峰会发表重要讲话，习近平主席在不足百天之内两次宣布中国积极应对气候变化的新目标，不仅坚定了中国走绿色低碳发展道路的决心，描绘了中国未来实现绿色低碳高质量发展的蓝图，也在国际社会展现了大国担当，为落实《巴黎协定》、推进全球气候治理进程和疫情后绿色复苏注入了强大政治推动力。

从全球视角看，2020年可谓是“碳中和元年”，各国在更新国家自主贡献目标的同时纷纷提出碳中和目标，全球开启了迈向碳中和目标的国际进程，对未来世界经济和国际秩序具有重要而深远的影响。中国作为大国绝不能踯躅不前，必须积极投入其中，并努力发挥引领者的作用。

3. 碳达峰、碳中和目标与我国“两个一百年”奋斗目标有什么联系？

党的十九大提出“两个一百年”奋斗目标，即到2035年基本实现社会主义现代化，到本世纪中叶把我国建成富强民主文明和谐美丽的社会主义现代化强国，并把2020年到本世纪中叶的现代化进程分为两个阶段。生态文明建设事关实现“两个一百年”奋斗目标，事关中华民族永续发展，是建设美丽中国的必然要求。2018年

5月18—19日，习近平主席在全国生态环境保护大会上强调，要通过加快构建生态文明体系，确保到2035年，生态环境质量实现根本好转，美丽中国目标基本实现；到本世纪中叶，物质文明、政治文明、精神文明、社会文明、生态文明全面提升，绿色发展方式和生活方式全面形成，人与自然和谐共生，生态环境领域国家治理体系和治理能力现代化全面实现，建成美丽中国。碳达峰、碳中和目标之间密切联系，是一个目标的两个阶段。第一阶段，2030年前碳排放达峰，与2035年中国现代化建设第一阶段目标和美丽中国建设第一阶段目标相吻合，是中国2035年基本实现现代化的一个重要标志。第二阶段，2060年前实现碳中和目标，与《巴黎协定》提出的全球平均温升控制在工业革命前的2℃以内并努力控制在1.5℃以内的目标相一致，与中国在21世纪中叶建成社会主义现代化强国和美丽中国的目标相契合，实现碳中和是建成现代化强国的一个重要内容。

碳达峰是具体的近期目标，碳中和是中长期的愿景目标，二者相辅相成。尽早实现碳达峰，努力“削峰”，可以为后续碳中和目标留下更大的空间和灵活性。而碳达峰时间越晚，峰值越高，则后续实现碳中和目标挑战和压力越大。如果说碳达峰需要在现有政策基础上再加一把劲儿，那么实现碳中和目标，仅在现有技术和政策体系下努力就远远不够，需要社会经济体系的全面深刻转型。

4. 做好碳达峰、碳中和工作与生态文明建设是什么关系？

2021年3月15日，习近平总书记在中央财经委会议上指出，要把碳达峰碳中和纳入生态文明建设整体布局。碳达峰、碳中和工作与生态文明建设是相辅相成的。从传统工业文明走向现代生态文明，是应对传统工业化模式不可持续危机的必然选择，也是实现碳达峰、碳中和目标的根本前提。同时，大幅减排，做好碳达峰、碳中和工作，又是促进生态文明建设的重要抓手。

工业革命后建立的基于传统工业化模式的工业文明，代表人类历史上伟大的进步；但这种以工业财富大规模生产和消费为特征的发展模式，高度依赖化石能源和物质资源投入，必然会带来大量碳排放和资源消耗，导致全球气候变化和发展不可持续。这就要求大幅减少碳排放，及早实现碳达峰、碳中和目标。

一方面，实现碳达峰、碳中和目标，其根本前提是生态文明建设。碳中和意味着经济发展和碳排放必须在很大程度上脱钩。从根本上改变高碳发展模式，从过于强调工业财富的高碳生产和消费，转变到物质财富适度和满足人的全面需求的低碳新供给。这背后，又取决于价值观念或“美好生活”概念的深刻转变。“绿水青山就是金山银山”的生态文明理念，就代表价值观念和发展内容向低碳方向的深刻转变。

另一方面，深度减排、实现碳中和，又是生态文明建设的重要抓手。从传统工业化模式向生态文明绿色发展模式转变，是一个“创造性毁灭”的过程。在这个过程中，新的绿色供给和需求在市场中“从无到有”出现，非绿色的供给和需求则不断被市场淘汰。中国宣布2060年前实现碳中和目标，并采取大力减排行动，就为加快这种转变建立了新的约束条件和市场预期。全社会的资源就会朝着绿色发展方向有效配置，绿色经济就会越来越有竞争力，生态文明建设进程就会加快。

5. 如何理解中国“十四五”规划目标对实现碳达峰、碳中和目标的重要性?

“千里之行，始于足下。”“十三五”规划的总体目标中提出了低碳水平上升、碳排放总量得到有效控制的要求。这是五年规划中第一次提到碳排放总量控制。这一时期我国应对气候变化，绿色低碳发展取得了令人瞩目的成就。截至2019年底，我国碳强度较2005年降低约48.1%，非化石能源占一次能源消费比重达15.3%，提前完成我国对外承诺的到2020年目标，为百分之百落实国家自主贡献，努力实现碳达峰、碳中和目标奠定了坚实的基础。2020年12月12日，习近平主席更新了中国面向2030年的国家自主贡献目标，从总体目标到具体领域的细化和落实，向碳中和目标迈出了重要一步。正如习近平总书记多次强调的，应对气候变化已经不是别人要我们做，而是我们自己要做。我国绿色低碳发展已驶入“快车道”。“十四五”是中国经济增长速度换挡期、结构调整阵痛期、前期刺激政策消化期“三期叠加”的关键时期，也是实现碳达峰目标的关键时间窗口。“十四五”期间，单位国内生产总值能耗和二氧化碳排放分别降低13.5%、18%，更需要统筹绿色低碳与高质量发展，协调国际国内两个大局，组织编制“十四五”应对气候变化专项规划，研究制定更详细的碳达峰行动方案，加快全国碳市场建设、积极参与全球气候治理，并动员全社会力量，为将碳达峰、碳中和的美好蓝图化为美丽现实不懈努力。

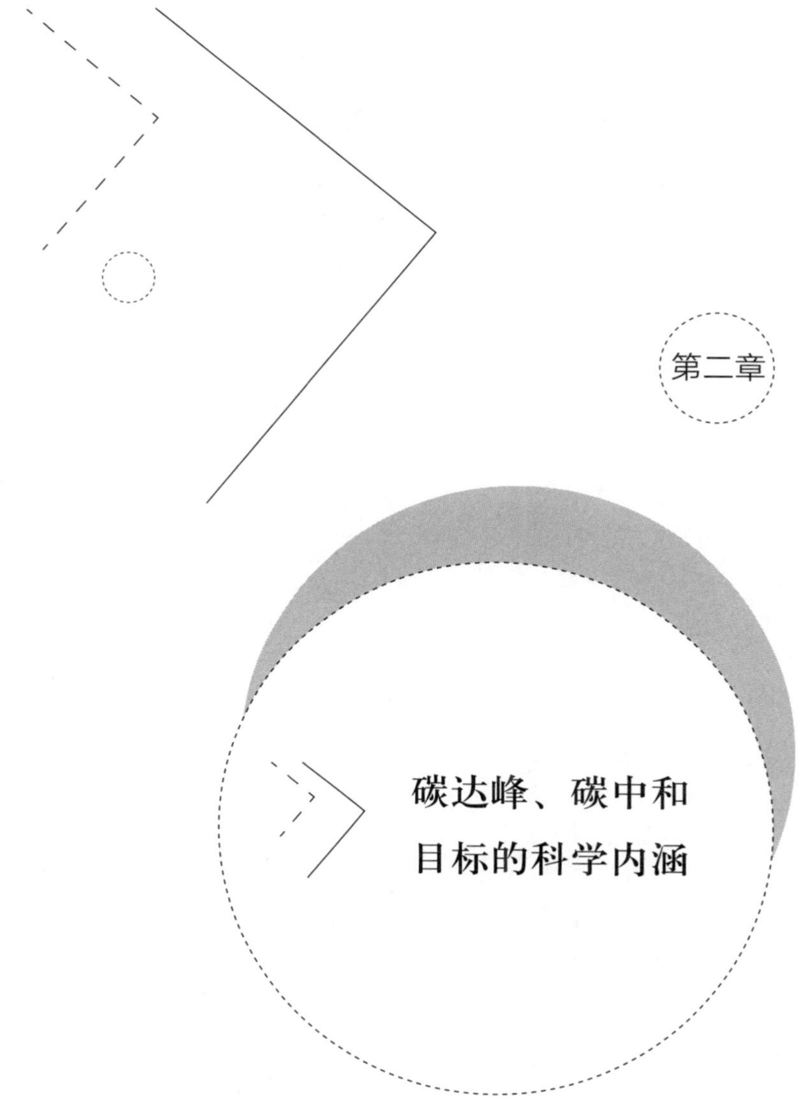

第二章

碳达峰、碳中和目标的科学内涵

碳达峰、碳中和是为了应对气候变化提出的行动目标。深入理解碳达峰、碳中和目标，需要从气候变化的科学基础入手，明确碳达峰、碳中和目标的科学内涵。本章重点厘清气候变化的相关概念，概括给出气候变化对自然生态系统和人类社会经济可持续发展影响的关键科学结论，以及人类面对气候变化的严峻挑战、应对气候变化的主要途径和手段。

第一节 气候变化的科学基础

6.如何正确理解气候变化的范畴？

气候是指一个地区在某段时间内所经历过的天气，是一段时间内天气的平均或统计状况，反映一个地区的冷、暖、干、湿等基本特征。它是大气圈、水圈、岩石圈、生物圈等圈层相互作用的结果，是由大气环流、纬度、海拔高度、地表形态综合作用形成的。

气候变化是指气候平均值和气候极端值出现了统计意义上的显著变化。平均值的升降，表明气候平均状态的变化；气候极端值增大，表明气候状态不稳定性增加，气候异常愈加明显。联合国政府间气候变化专门委员会（IPCC）定义的气候变化是指基于自然变化和人类活动所引起的气候变动，而联合国气候变化框架公约（UN-FCCC）定义的气候变化是指经过一段时间的观察、在自然气候变化之外由人类活动直接或间接地改变全球大气组成所导致的气候改变。

气候变化是一个与时间尺度密不可分的概念，在不同的时间尺度下，气候变化的内容、表现形式和主要驱动因子均不相同。根据气候变化的时间尺度和影响因子的不同，气候变化问题一般可分为三类，即地质时期的气候变化、历史时期的气候变化和现代气候变化。万年以上尺度的气候变化为地质时期的气候变化，如冰期和间冰期循环；人类文明产生以来（一万年以内）的气候变化可纳入历史时期气候变化的范畴；1850年有全球器测气候变化记录以来的气候变化一般被视为现代气候变化。

7. 近百年来全球气候发生了怎样的显著变化？

近百年来全球气候出现了以变暖为主要特征的系统性变化。2019年全球大气中CO_2、CH_4和N_2O的平均浓度分别为410.5±0.2ppm、1877±2ppb和332.0±0.1ppb，较工业化前时代（1750年）水平分别增加48%、160%和23%，达到过去80万年来的最高水平。2019年大气主要温室气体增加造成的有效辐射强迫已达到3.14瓦/平方米，明显高于太阳活动和火山爆发等自然因素所导致的辐射强迫，是全球气候变暖最主要的影响因子。

2020年全球气候系统变暖的趋势进一步持续，全球平均温度较工业化前水平（以1850—1900年平均值代替1750年的值，因1750—1850年观测数据有限，且变化不显著）高出约1.2℃，是有完整气象观测记录以来的第二暖年份。近百年来全球海洋表面平均温度上升了0.89℃（范围在0.80~0.96℃之间），全球海洋热含量持续增长，并在

20世纪90年代后显著加速。1993—2019年全球平均海平面上升率为3.2毫米/年；1979—2019年北极海冰范围呈显著减少趋势，其中9月海冰范围平均每十年减少12.9%；2006—2015年全球山地冰川物质损失速率达1230±240亿吨/年，物质亏损量较1986—2005年增加了30%左右。

在全球气候变暖背景下，近百年来中国地表气温呈显著上升趋势，上升速率达1.56±0.20℃/100年，明显高于全球陆地平均升温水平（1.0℃/100年）。1951—2019年中国区域平均气温上升率约为0.24/10年，北方增温率明显大于南方，冬、春季增暖趋势大于夏、秋季。1961—2019年中国平均年降水量存在较大的年际波动，东北、西北大部和东南部年降水量呈现明显的增多趋势，自东北地区南部和华北部分地区至西南地区大部年降水量呈现减少趋势。

8.引起气候变化的原因有哪些？

引起气候系统变化的原因可分为自然因子和人为因子两大类。前者包括了太阳活动的变化、火山活动，以及气候系统内部变率等；后者包括人类燃烧化石燃料以及毁林引起的大气温室气体浓度的增加、大气中气溶胶浓度的变化、土地利用和陆面覆盖的变化等。

工业化以来，由于煤、石油等化石能源大量使用而排放的二氧化碳，造成了大气二氧化碳浓度升高，二氧化碳等温室气体的温室效应导致了气候变暖，众多科学理论和模拟实验均验证了温室效应理论的正确性。只有考虑人类活动作用才能模拟再现近百年来全球变暖的趋势，只有考虑人类活动对气候系统变化的影响才能解释大气、海洋、冰冻圈以及极端天气气候事件等方面的变化。更多的观测和研究也进一步证明，人类活动导致的温室气体排放也是全球极端温度事件变化的主要原因，也可能是全球范围内陆地强降水加剧的主要原因。更多证据也揭示出人类活动对极端降水、干旱、热带气旋等极端事件存在影响。此外，在区域尺度上，土地利用和土地覆盖变化或气溶胶浓度变化等人类活动也会影响极端温度事件的变化，城市化则可能加剧城市地区的升温幅度。

人类活动也导致了20世纪中叶以来中国区域气温升高、极端天气气候事件增多增强。在中国西部，包括温室气体、气溶胶排放以及土地利用变化在内的人类活动很可能是地表气温增加的主要原因。人类活动很可能使得中国极端高温频率、强度和持续时间增加，极端低温频率、强度和持续时间减少，同时使得夏日日数和热夜日数增加，霜冻日数和冰冻日数减少。人类活动很可能增加了中国高温热浪的发生概率，并且可能减少低温寒潮的发生概率。

由于我国降水观测资料的时间空间范围有限、质量不佳和模式模拟的局限性，以及降水内部变率的较强影响，区分中国区域降水变化中人类活动的影响研究仍然存在很大的不确定性。目前的研究显示，人类活动对1950年以来中国东部地区小雨减少和强降水增加产生了影响，但是对东亚夏季风南涝北旱降水格局的影响仍然信度较低。自1950年以来，我国极端降水呈现显著增加、增强的趋势，在一定程度上可以检测到人类活动的影响。

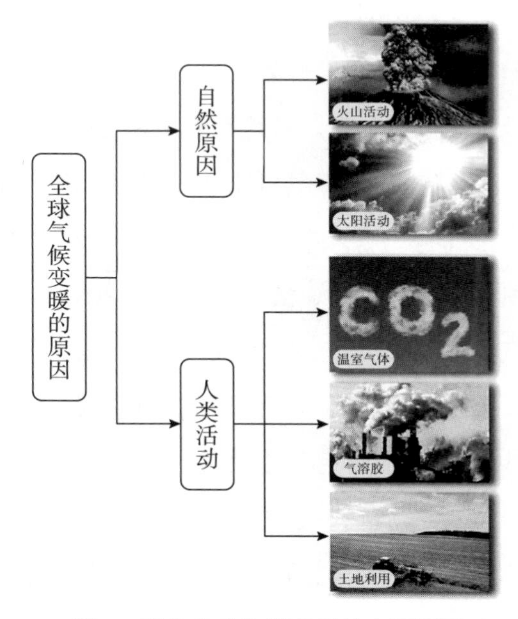

图1 现代全球气候变暖的主要原因

资料来源：《气候变化科学问答》

9. 有哪些气体是温室气体?

从组成地球大气的成分来看，氮气（N_2）占78%，氧气（O_2）占21%，氩气（Ar）等差不多占了0.9%，这些占大气中99%以上的气体都不是温室气体，这些非温室气体一般来说与入射的太阳辐射相互作用极小，也基本上不与地球放射的红外长波辐射产生相互作用。也就是说，它们既不吸收也不放射热辐射，对地球气候环境的变化也基本上不会产生什么影响。对地球气候环境有重大影响的是大气中含量极少的温室气体，这些气体只占大气总体积混合比的0.1%以下，但由于它们能够吸收和放射辐射，在地球能量收支中起着重要的作用。

温室气体主要包括水蒸气（H_2O）、二氧化碳（CO_2）、甲烷（CH_4）、氧化亚氮（N_2O）、臭氧（O_3）、一氧化碳（CO），以及氯氟烃、氟化物、溴化物、氯化物、醛类和各种氮氧化物、硫化物等极微量气体。水蒸气能凝结和沉降，其在大气中通常会停留十天时间，通过人为源头进入大气的流量比“自然”蒸发的要少得多。因此，它对长期的温室效应没有显著作用。这就是对流层水汽（通常低于10公里高度）不被认为是造成辐射强迫的人为气体的主要原因。在平流层（大气层约10公里以上的部分），人为排放对水汽确实有显著影响。平流层水汽对变暖的贡献，从强迫和反馈两方面来讲，都要比来自甲烷或二氧化碳的小得多。因此，一般认为水汽是一个反馈介质，而不是引发气候变化的强迫。而二氧化碳、甲烷等温室气体可以吸收地表长波辐射，与“温室”的作用相似，对保持全球气候的适宜性具有积极的作用。若无“温室效应”，地球表面平均气温将是零下19℃，而非现在的零上14℃。但是，一旦大气中温室气体的浓度在短时间内出现剧烈变化，气候系统中原有的稳定和平衡就会被破坏。

温室气体基本可分为两大类，一类是地球大气中所固有的、但是工业化（约1750年）以来由于人类活动排放而明显增多的温室气体，包括二氧化碳、甲烷、氧化亚氮、臭氧等；另一类是完全由人类生产活动产生的（即人造温室气体），如氯氟烃、氟化物、溴化物、氯化物等。例如，氯氟烃（如CFC-11和CFC-12）曾被广泛用于制冷机和其他的工业生产中，人类活动排放的氯氟烃导致了地球平流层臭氧的破坏。20世纪80年代以来，由于制定了保护臭氧层的国际公约，氯氟烃等人造温室气体的排放量正逐步减少。

由于二氧化碳含量在温室气体中占比最高，且温室效应最显著，减排一般指减少二氧化碳排放，碳达峰即是二氧化碳达峰。如果考虑所有温室气体，则可将非二氧化碳温室气体排放量乘以其温室效应值（如GWP）后换算为等价二氧化碳当量，这样 可以将不同温室气体的效应标准化。

10. 地球上的碳是怎样循环的?

地球上的碳循环主要表现为自然生态系统的绿色植物从空气中吸收二氧化碳，经光合作用转化为碳水化合物并释放出氧气，同时又通过生物地球化学循环过程及人类活动将二氧化碳释放到大气中。自然生态系统的绿色植物将吸收的二氧化碳通过光合作用转化为植物体的碳水化合物，并经过食物链的传递转化为动物体的碳水化合物，而植物和动物的呼吸作用又把摄入体内的一部分碳转化为二氧化碳释放入大气，另一部分则构成了生物的有机体，自身贮存下来；

在动、植物死亡之后，大部分动、植物的残体通过微生物的分解作用又最终以二氧化碳的形式排放到大气中，少部分在被微生物分解之前被沉积物掩埋，经过漫长的年代转化为化石燃料（煤、石油、天然气等），当这些化石燃料风化或作为燃料燃烧时，其中的碳又转化为二氧化碳排放到大气中。

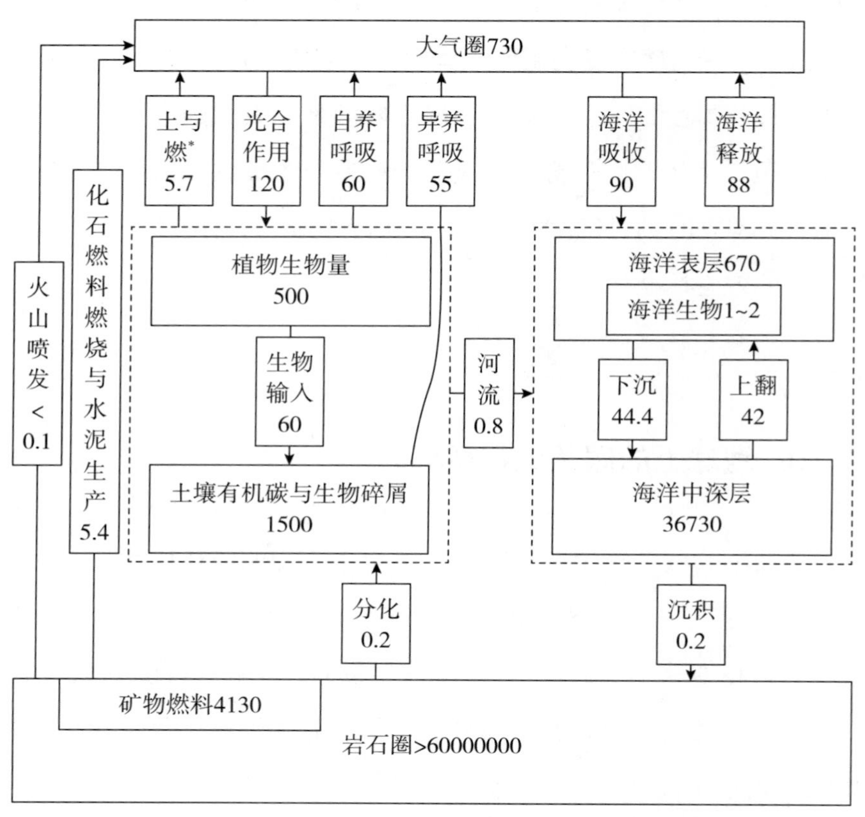

图2 全球碳循环示意图（单位：十亿吨/年）

注：*土地利用变化与生物质燃烧。

资料来源：《中国气象百科全书·气象预报预测卷》（数字来自IPCC第三次评估报告，2001）

大气和海洋、陆地之间也存在着碳循环，二氧化碳可由大气进入海水，也可由海水进入大气，这种碳交换发生在大气和海水的交界处；大气中的二氧化碳也可以溶解在雨水和地下水中成为碳酸，并通过径流被河流输送到海洋中，这些碳酸盐通过沉积过程又形成石灰岩、白云石和碳质页岩等；在化学和物理作用下，这些岩石风化后所含的碳又以二氧化碳的形式排放到大气中。人类活动通过化石燃料燃烧向大气中释放了大量的二氧化碳，所释放的这些二氧化碳大约有57%被自然生态系统所吸收，约43%留在了大气中。留在大气中的这部分二氧化碳使全球大气中二氧化碳浓度由工业化前的280ppm增加到2019年的410ppm，导致了全球气候系统的变暖。

11. 如何测量温室气体的变化?

地球大气中温室气体浓度的增加已成为导致全球气候和环境变化的主要原因，测量大气中主要温室气体浓度的变化，对于研究其源、汇和输送规律，对于了解气候变化、减少能源消耗和污染排放都有重要意义。CO_2、CH_4和N_2O是最重要的三种温室气体，一氧化碳（CO）作为间接温室气体在大气化学中也对温室效应有重要影响，因此，在温室气体测量中，通常主要测量CO_2、CH_4、N_2O和CO这四种气体的浓度。目前对大气中温室气体的测量主要是通过现场采样，然后将样品送到实验室进行分析来完成。

为了反映出地球大气中温室气体浓度的本底变化，通常选择在受人类活动影响较少的地点建立观测点进行测量。全球温室气体浓度的数据通常来自世界气象组织全球大气观测网（GAW），包括31个全球大气本底站、400余个区域大气本底站和100多个志愿观测站。20世纪90年代初，我国在青海省瓦里关设立了温室气体浓度全球本底观测站，后来在北京上甸子、黑龙江龙凤山、浙江临安等地建立了区域本底观测站。例如，北京上甸子大气本底站可以监测包括二氧化碳、甲烷以及卤代温室气体的浓度变化，并可以通过结合其他的观测手段监测大气中温室气体的污染源、污染方向以及北京上游城市对北京的影响、北京对其下游城市的影响等相关信息。

由于监测二氧化碳浓度分布的地面观测点数量有限，且分布不均匀，卫星监测较好弥补了这一缺陷，通过全球卫星监测数据与地面数据和模型的结合，可以更加精确监测二氧化碳和温室气体浓度分布。

12. 人类排放的温室气体与温升存在什么关系？

人类排放的温室气体和温升之间的关系非常复杂，特别是温室气体排放量、温室气体浓度和温升之间并不存在一一对应的同步变化关系；全球气候变暖的幅度与全球二氧化碳的累积排放量之间存在着近似线性的相关关系，全球二氧化碳的累积排放量越大，全球气候变暖的幅度就越高。IPCC第五次气候变化评估报告指出，如果将工业化以来全球温室气体的累积排放量控制在1万亿吨碳，那么人类有三分之二的可能性能够把全球升温幅度控制在2℃以内（与1861—1880年相比）；如果把累积排放量放宽到1.6万亿吨碳，那么只有三分之一的概率能实现2℃的温控目标。

需要指出的是，地球大气中本身就含有一定浓度的二氧化碳，地球上许多不同的自然生态系统过程也都吸收和释放二氧化碳，因此大气中的二氧化碳浓度本身就存在时间和空间上的自然变率。当二氧化碳（不管是自然释放的还是人为排放的）进入大气中时会被风混合，并随着时间的推移而分布到全球各地。这种混合过程在北半球或南半球的尺度上需要一到两个月的时间，在全球尺度上则需要一年多的时间，因为北半球和南半球之间混合的速度很慢（主要是因为地球大气运动主要以纬向为主）。

如果用一个游泳池里面的水量来代表大气中的二氧化碳含量，用水位高低的变化来代表大气中二氧化碳总量的变化，那么，在没有人为碳排放的情况下，这个游泳池的水位也会发生变化，因为有雨水进入（代表地球自然生态系统排放的二氧化碳）使水位增加，而水面蒸发（代表地球自然生态系统吸收的二氧化碳）又使水位降低。如果把大气中十亿吨的二氧化碳换算成1立方米的水，则大气中所有的二氧化碳就组成了这个面积为25×15平方米、深度为1.57

米的游泳池。在没有人为碳排放的情况下，每年有110立方米的雨水流进了泳池，由于泳池的表面蒸发，每年泳池损失的水量也差不多，因此在自然状态下泳池的水位是基本上保持稳定的（水位在1.57米左右），也就是说，这种稳定状态下的水池并不会引起全球温升。但是，由于工业化以来产生了人为碳排放，相当于在泳池上面安装了一个“水龙头”，水龙头向游泳池中流入的水量代表人为二氧化碳排放量。目前水龙头大约每年向水池中增加10立方米的水，但其中有5.7立方米通过蒸发又流出去了，只有4.3立方米留在了水池中，这相当于每年的人为排放使水位增加1.1厘米，工业化以来的人为碳排放已经累计使泳池水位增加了64厘米，则现在的水位已经达到2.21米。也就是说，正是1750年以来增加的这64厘米的水位造成了目前全球相比工业化前超过1℃的温升。未来如果泳池水位继续升高，全球气温也将继续升高；只有当水位保持稳定的情况下（人为碳排放为净零，即碳中和），全球温升幅度才会稳定在一定的水平上。

13. 云和气溶胶如何影响气候系统？

大气中的气溶胶是由大气介质与混合在大气中的固态和液态颗粒物组成的多相（固、液、气三种相态）体系，是大气中唯一的非气体成分，也是大气中的微量成分。大气气溶胶主要源于人类活动和自然界的排放。人类活动产生的气体可以通过化学或光化学反应转化为气溶胶粒子。自然界中的气溶胶主要来源于地表、大气自身产生和外部空间注入，其中最重要的自然源是地表源，有一些气溶胶粒子来自地层深处，通过火山的喷发进入大气，并且可以直接到达平流层（15~50千米高度）。

大气气溶胶的主要组成部分是黑碳和有机碳，它们来源于燃料不完全燃烧所排放的细颗粒物和气态碳化合物（沉积在固体颗粒物上）。黑碳气溶胶对于太阳辐射有强烈的吸收作用，它可以吸收的波长范围从可见光到近红外光，其单位质量的吸收系数比沙尘高两个量级（100倍），因此，尽管大气气溶胶中黑碳气溶胶所占的比例较小，但是它对区域和全球气候的影响很大。

大气气溶胶可以通过改变地球上的辐射平衡来影响地球的气候。研究表明，气溶胶的气候效应可以分为直接和间接效应。直接效应就是气溶胶通过对短波和长波辐射的散射或吸收，直接影响地气系统的辐射平衡。其辐射强迫大小与气溶胶的光学特性、垂直和水平方向上的分布密切相关。气溶胶的间接效应是指通过气溶胶改变大气中云的微物理过程，从而改变云的辐射特性、云量和云的寿命，进而影响地气系统的辐射平衡，并进一步影响气候变化。云对气候系统的影响非常复杂，一方面云可以有效地反射太阳辐射，减少地球表面接收到的太阳辐射量，起到对地表降温的作用；同时云也会吸收这些短波辐射并产生长波辐射，又产生升温作用。因此，云和气溶胶对气候系统的影响具有很大的不确定性，降低这些不确定性在气候变化基础科学研究中具有重要意义。

14. 多年冻土消融或海洋变暖会加剧气候变暖吗?

多年冻土是冰冻圈的重要组成部分，是指持续两年或两年以上的0℃以下含有冰的各种岩石和土壤。地球上冻土面积约占陆地面积的50%，其中多年冻土面积占陆地面积的25%。研究表明到21世纪末，即使采取强有力的减排行动，全球冻土面积将减小40%，如果不采取更多的努力将减小80%。多年冻土的上层是活动层，受气候变暖影响，多年冻土暖化变软，活动层的厚度相应增加，这也就意味着增加的活动层中的甲烷及二氧化碳等温室气体会释放到大气中，多年冻土成为巨大碳源。多年冻土活动层中温室气体的释放将会加剧全球气候变暖。但是，多年冻土的变化机理非常复杂，科学界目前对多年冻土活动层能够释放多少温室气体、释放速率如何、区域差异如何等问题还存在很大争议。

海洋占地球表面的71%，其中84%的海洋水深超过2000米。海洋是全球气候变化的重要影响变量，海—陆—气相互作用是气候变化重要的内部驱动力，在全球尺度的热量和水汽输送及分配中起着重要作用，对全球气候格局及其演变具有重要影响。例如，热带西太平洋有全球水温最高的暖池，形成全球最强的对流和降雨，驱动沃克环流和哈德利环流，调控季风和厄尔尼诺两大气候现象。由于海水的高热容以及海洋的巨大质量，海洋积累了自20世纪50年代以来与温室气体增加相关的90%以上的多余热量，这虽然在一定程度上减少了温室气体对大气的加热作用，但也意味着即使人为温室气体的排放减少为净零（碳中和），由于海洋所具有的长期、巨大的热惯性，将仍然对全球气候产生重要影响。

15.2020—2021年冬天我国很多地方出现了极寒天气，全球气候变暖是真的吗？

2020年12月—2021年1月，影响我国的冷空气活动频繁，东北北部、内蒙古东北部地区出现了零下四十几度的低温，北京南郊观象台观测到零下十九度的低温。2021年2月美国多州亦遭遇极端寒潮侵袭。但是俗话说冰冻三尺非一日之寒，全球变暖的大趋势也非一两次寒潮天气过程就可以改变的。例如，我国冬季最冷的地区是东北北部地区，其中大兴安岭北部1月份的平均气温低达−30℃，1969年2月13日漠河站出现了−52.3℃的最低气温，是我国冬季气温记录的最低值。2021年1月份漠河站温度虽然也降低至零下四十多度，但这个温度与历史记录还有一定的差距，附近地区的其他监测站也都没有出现突破历史极值的低温。呼伦贝尔市根河市在1961年1月4日至19日曾经出现过连续16天日最低气温小于–40℃的寒冷天气，而在1981—2010年的30年中，虽然几乎每年冬天也都会出现最低气温低于–40℃的寒冷天气，但寒冷程度和持续时间与历史上出现的严寒相比都相差很多。

2008年1月我国南方地区出现了严重的雨雪冰冻灾害，但2008年1月全国平均气温（–6.6℃）虽然较常年同期（–5.9℃）偏低了0.7℃，是1986年1月以来的最低值，但这个气温仍然远高于1977年1月和1955年1月（1977年1月全国平均气温接近–9℃，1955年1月低于–8℃）。2008年1月我国南方地区出现大范围的低温雨雪冰冻天气期间，日最低气温并没有降得太低，如1月份安徽省仅有5个市县的极端最低气温低于–10℃，最低的是砀山1月29日出现的–12.2℃，其次是阜阳1月31日出现的–11.7℃。但是，在20世纪80年代之前，一场寒潮袭来会使长江沿岸地区的最低气温普遍下降到–10℃以下。如1969年1月，一场寒潮过后，武汉、长沙、南京、上海等地的最低气温分别降至–17.4℃、–9.5℃、–13.0℃和–7.2℃，从这些站点极端最低气温的历史记录来看，武汉的极端最低气温可达–18.1℃，长沙可达–11.3℃，长江北岸合肥的极端最低气温更是可降至–20.6℃。

从自然现象上来看，1977年冬天长江沿岸的洞庭湖、鄱阳湖、太湖等几大湖封冻了7~10天，1955年冬天洞庭湖也出现大范围冰冻，岳阳楼下最大冰厚达1米。20世纪80年代以来，即使是在2008年1月，洞庭湖、鄱阳湖和太湖这些大湖也都没有出现封冻现象。我国东部地区的这些大湖大河在历史上很多年份的冬天里也都出现过封冻现象，如1893年上海遭遇寒潮袭击，吴淞江和太湖都出现冰封，一度可以人行冰上；1862年黄浦江结冻也长达半个月。

那么，为什么在全球变暖的背景下仍然会出现一些低温事件？这是因为，气候变化体现在两方面，一是全球气候系统中气候要素的平均态变化，二是变化的幅度发生改变，也即气候变率发生改变，就是极端天气气候事件的增多增强。在全球气候变暖的大背景下极端天气气候事件频发，虽然从总体上看暖事件呈增多增强趋势，而寒潮、极端低温等冷事件的出现频率总体呈降低趋势，但并不意味着冬季就不会出现低温天气了，极端冷事件仍然有可能出现。这里我们可以打个比喻，如果把全球气候系统比喻成一个钟摆，其左右摆动的极点位置代表冷暖事件的程度，那么在全球变暖的背景下，这个钟摆的左右摆动幅度会加大，极端热事件和极端冷事件都会有出现的可能性，只不过极端热事件出现的频率将更高、强度也将更大。但对相对出现少的极端冷事件仍需要引起高度重视，积极做好相应防御。

16. 科学家如何预测未来几十年的气候及其影响?

为了预测未来气候变化的趋势和影响，科学家通常是利用气候系统模式。地球系统是由不同的圈层构成，包括大气圈、岩石圈、水圈、冰冻圈、生物圈，各圈层之间的相互影响是个复杂的过程。气候系统随时间变化的过程既要受到外强迫因子如火山爆发、太阳活动等的影响，还要受到人为强迫如人类活动排放的温室气体和土地利用变化的影响。气候系统模式就是对上述气候系统的动量、质量和能量的物理和动力学过程的一种数学表达方式，从而使得人们可以借助巨型计算机对涉及的复杂演变过程进行定量的、长时间的、大数据量的运算，了解气候系统的演变过程、模拟外强迫变化和人类活动的影响以及预测未来气候变化趋势。为了预估全球和区域气候变化，还需要假设未来温室气体和硫酸盐气溶胶等排放的情况，也就是所谓的排放情景。排放情景通常是根据一系列因子（包括人口增长、经济发展、技术进步、环境条件、全球化、公平原则等）假设得到的。近几十年来，全球气候系统模式由简单逐渐发展到复杂，并逐渐包括气溶胶、碳循环、大气化学等地球生物化学循环过程以及陆冰，形成了地球系统模式。现在对于未来的气候变化的预估，经常基于同一个模式不同试验，和不同模式不同试验的集合/集成进行。

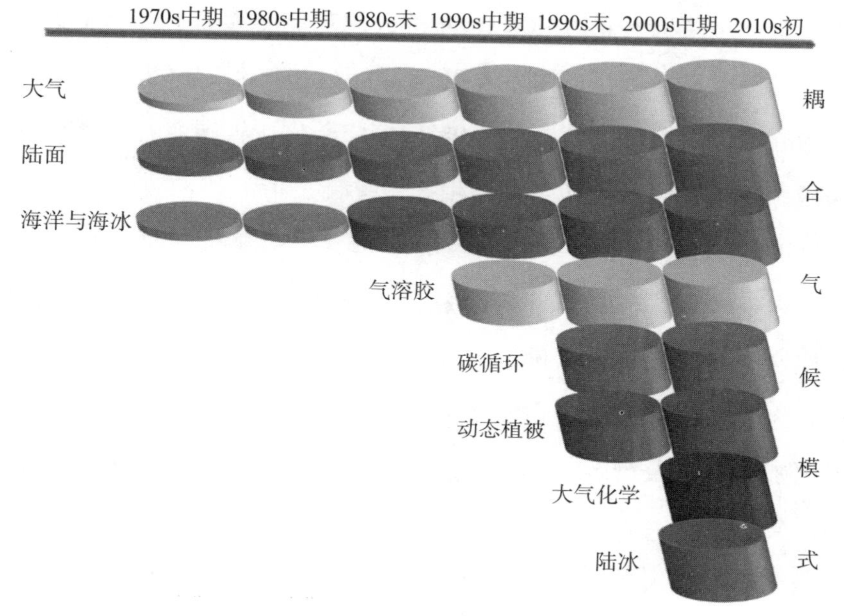

图3 近几十年来气候模式的发展示意图

资料来源：IPCC第五次评估报告第一工作组第一章

17. 如果人类不加以控制，21世纪末气候会发生怎样的变化？

当前的全球气候变化主要是由于人类活动向大气排放温室气体导致的。如果人类对自己排放的温室气体不加以控制的话，未来的地球将会持续变暖，这个变暖的过程将会影响地球的方方面面。根据科学家对未来气候预估的结果表明，到21世纪末全球的平均温度相比工业化前将上升约4℃，极地的升温可能会远高于这个幅度。大气中二氧化碳浓度的增加将导致海洋的酸化，到2100年4℃或以上的增温相当于海洋酸性增加150%。海洋酸化、气候变暖、过度捕捞和栖息地的破坏给海洋生物和生态系统带来了不利影响。到2100年4℃的增温将可能导致海平面上升0.5~1米，并将会在接下来的几个世纪内带来几米的上升。届时每年9月份北极可能会出现没有海冰的情况。气候变化将给水供给、农业生产、极端气温和干旱、森林山火和海平面上升风险等方面带来严重影响。未来全球干旱地区将变得更加干旱，湿润区将变得更湿润。极端干旱可能出现在亚马孙森林、美洲西部、地中海、非洲南部和澳大利亚南部地区。许多地方可能会导致未来更高的经济损失。极端事件（如大规模的洪水、干旱等）可通过影响粮食生产引起营养不良，流行性疾病的发病率升高。洪水可以将污染物和疾病带到健康的供水系统，使得腹泻和呼吸系统疾病的发病率增加。部分物种的灭绝速度将会加快。

18. 如何测算碳排放空间?

如果当前的气候变暖趋势不加以控制，那么未来全球变暖将进一步加剧，到21世纪末温升将可能超过工业化前水平4℃。《巴黎协定》提出要将全球平均温度上升幅度控制在不超过工业化前水平2℃之内，并力争不超过工业化前水平1.5℃。因为科学和政治的综合研究认为一旦未来全球平均气温升高超过2℃的阈值，人类生活就可能面临较大的危险。为了避免这一可能发生的风险，必须要将温室气体排放控制在一定范围内。因此，我们常讲的碳排放空间主要是指为避免一定程度的全球地表平均温度上升，估算的满足累积排放限制的温室气体排放轨迹下的区间。该排放空间可以在全球层面、国家层面或者国家以下层面进行定义。如果按照控制温升不超过1.5℃，现有研究认为，当前人为二氧化碳排放量为每年420亿吨，实现1.5℃温升要求的剩余排放空间不到4200亿吨二氧化碳，如果维持当前排放速率，将在10年之内用尽。目前各国在《巴黎协定》下提出的国家自主贡献力度不足以实现1.5℃的温控目标。

第二节　气候变化的影响

19.气候变暖是利大于弊还是弊大于利?

气候变化直接或间接影响人类及其生产生活，就目前的观测和研究结果来看，气候变暖对全球的总体影响是弊大于利，但对不同地区和不同行业情况有所不同。就水资源为例，当前很多地区的降水变化和冰雪消融已经影响到水资源量和水质；许多区域的冰川持续退缩，影响下游的径流和水资源；高纬度地区和高海拔山区的多年冻土层也在变暖和融化。世界上一些大河的径流量在减少。部分生物物种的地理分布、季节性活动、迁徙模式和丰度等都发生了改变。气候变化对粮食产量的不利影响比有利影响更为显著，其中小麦和玉米受气候变化不利影响相对水稻和大豆更大。气候变化导致的小麦和玉米减产平均约为每10年1.9%和1.2%。气候变化可能已造成人类健康出现不良状况。近期的极端天气气候事件，如热浪、干旱、洪水和山火等气候灾害频发，给全球多地造成了大量的经济损失和人员伤亡。变暖使海平面升高，导致部分国家国土受损，海洋酸化导致海洋生物的死亡加剧。

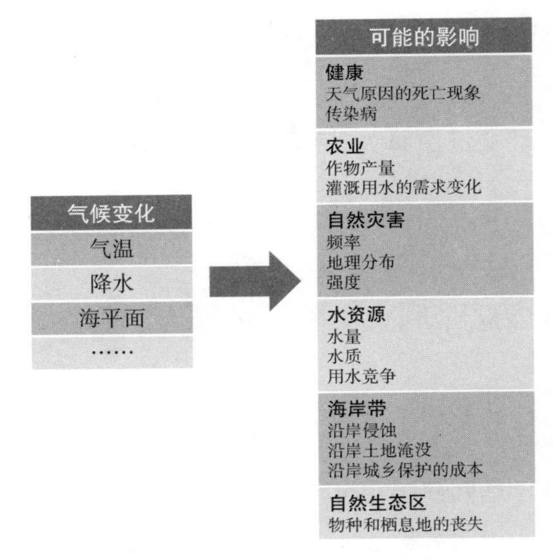

图4　气候变化的影响和风险

资料来源：作者综合自绘

20. 地球上哪些系统对气候变化更敏感?

气候系统的某些成员的变化可能主要发生在某个区域，但是其范围可能达到1000公里以上的次大陆尺度，会对半球甚至全球的气候造成影响，对于这种可能发生本质性变化的气候成员一般称之为临界成员，这些成员往往对气候变化更为敏感。作为临界成员通常要满足四个条件，一是有一个阈值参数，二是这个参数与人类活动导致的气候变化有关，三是这个参数一旦达到某个临界点，该气候成员状态将发生质的变化，四是这种变化将对自然系统和社会经济系统产生重要影响。地球系统中有17个这样的气候敏感成员，分别是：北极夏季海冰、格陵兰冰盖、海洋甲烷水合物、多年冻土、喜马拉雅冰川、南极西部冰盖、大西洋经向翻转环流、北美西南部干旱、印度夏季风、西非季风、厄尔尼诺-南方涛动（ENSO）变化、北半球（北美）森林、北半球（欧亚大陆）森林、亚马孙森林、冷水区珊瑚礁、热带珊瑚礁、南大洋海洋生物碳泵。其中，前6个属于冰冻圈气候要素，中间5个属于大气和海洋环流气候要素，最后6个属于生物圈气候要素。

对于这些成员的变化变量、影响参数、阈值点和影响程度的认识有些已经比较清楚，如格陵兰冰盖，主要变量为冰量，影响参数为温度，临界点为3℃，时间范围为大于300年消融，将使全球海平面高度上升2~7米。但有些成员变化的机理则尚不清楚，如ENSO在气候变暖下是强度变化增大，还是厄尔尼诺或拉尼娜事件发生的频率会改变。

在这些已知的全球气候敏感成员中，已有9个被激活，包括亚马孙森林经常性干旱，北极海冰面积减少，大西洋环流自1950年以来放缓，北美的北方森林火灾和虫害，全球珊瑚礁大规模死亡，永久冻土层解冻，格陵兰冰盖加速消融和失冰，南极西部冰盖加速消融和失冰，南极洲东部加速消融。上述敏感成员之间存在关联，它们被激活将导致气候效应的正反馈机制发生作用。冰面融化降低地球的反射率进而导致地表温度上升、海平面上升、海洋生物死亡、海洋和大气循环模式遭到破坏，这些变化又影响了全球的温度和降雨量。气候的改变可能导致森林死亡从而释放大量温室气体，引发地球上多个系统可能由碳汇变成碳源。这些敏感成员一旦被突破还将触发一系列的级联效应，进一步加剧气候变化，推动更多敏感系统越过临界点，增加对人类生存与文明的威胁。

21. 气候变暖对我国的影响严重吗?

我国是全球气候变化的敏感区和影响显著区，自20世纪50年代以来升温明显高于全球平均水平。气候变化已对我国自然生态系统和人类社会产生了广泛影响。我国极端天气气候事件发生的频率越来越高。极端高温事件、洪水、城市内涝、台风、干旱等均有增加，造成的经济损失也在增多。极端天气气候灾害对我国所造成的直接经济损失由

2000年之前的平均每年1208亿元增加到2000年之后的平均每年2908亿元，增加了1.4倍。气候变化导致我国水问题严峻。东部主要河流径流量有所减少，海河和黄河径流量减幅高达50%以上，导致北方水资源供需矛盾加剧。因水资源短缺，耕地受旱面积不断增加。气候变化已不同程度影响着我国生态系统的结构、功能和服务，气候变化叠加自然干扰和人类活动，导致生物多样性减少，生态系统稳定性下降，脆弱性增加。农业生产不稳定性和成本增加，品质下降。此外，海平面上升加剧了海岸侵蚀、海水（咸潮）入侵和土壤盐渍化，台风—风暴增水叠加的高海平面对沿海城市发展造成了严重影响。极端天气气候事件对基础设施和重大工程运营产生显著不利影响。日益频繁和严重的气候风险威胁着人类系统的稳定性，还将以“风险级联”方式通过复杂经济和社会系统传递，给我国可持续发展带来重大挑战。总之，气候变化已对我国自然生态系统和人类社会产生了广泛影响。

22. 气候变化与生态环境变化有关系吗？

气候变化与生态环境的关系包括两类，一类是由于气候变化导致生态破坏、环境恶化，另一类是因为生态环境的改变影响了气候系统的变化。一方面，近百年来气候系统的快速变暖，已经对自然生态系统产生了广泛影响，包括对水资源量和水质的影响，冰川退缩，生物物种的地理分布、季节性活动、迁徙模式和丰度的改变，粮食产量和品质的影响，以及对人群健康的影响等。另一方面，地球上的碳元素主要存储在大气、海洋和陆地中，如果没有人类活动的影响，总体上大气、海洋和陆地之间的碳收支是基本平衡的。但是由于工业革命以来，人类生产生活大量消耗能源、使用化石燃料，土地开垦、城市化发展造成对土地和生态系统的破坏，向大气排放了大量二氧化碳、甲烷等温室气体，这些温室气体导致了气候系统快速向变暖方向发展。造成气候变暖的“碳”与生态环境恶化的“碳”具有同根同源的特性。因此，积极应对气候变化有利于生态环境的改善，同时，保护环境，建设美好生态也有利于气候系统的稳定，两者有着紧密的联系。

23.气候变化对城市有什么影响?

气候变暖会加剧城市的“五岛效应”，即热岛效应、干岛效应、湿岛效应、雨岛效应和浑浊岛效应，对城市生态系统、大气环境、人群健康以及城市基础设施等都会造成严重影响，对于沿海城市群发展的影响更为显著。

一般城市地区的气温变化明显高于周围郊区，城市就像一个“热岛”。而干岛效应与热岛效应通常是相随的。由于城市主体是由成片钢筋水泥筑就的不透水下垫面构成，易形成孤立于周围地区的

“干岛”。有些城市在某些时间湿度比较大，如上海在1月份夜间出现湿岛的次数最多，但强度偏弱，而夏季次数少，但强度大。大城市高楼林立，空气循环不畅，加上建筑物空调、汽车尾气容易使城市上空形成热气流，导致强降水事件增多，甚至形成城市区域性内涝。浑浊岛效应主要是由于城市颗粒污染物增加，凝结核过多，近50年来我国城市地区的雾霾天气总体呈增加趋势。

气候变化对城市基础设施、居民、生态系统以及经济系统都产生广泛的负面影响。气候变化给城市地区的水和能源供应、下水道和排水系统、交通和电信等基础设施系统以及包括卫生保健和救急在内的服务和生态环境带来影响。高温热浪、暴雨、暴雪、台风等损坏交通运输设备、地面设施，增加交通安全隐患，对城市公路、铁路、航空、航海的正常运行造成了极大影响。气候变化影响城市下垫面温度、近海海平面高度以及城市降水环境，因此城市建设在选址、排水设施、道路规划、仓储、应急等方面都需要根据气候变化进行调整，规划和设计标准需做相应变化。沿海城市群是气候变化的脆弱区。海平面上升，海水倒灌入侵，将导致海岸侵蚀、土地盐碱化、河流水质咸化。海水侵蚀，会引发航道淤塞，港口废弃。沿海城市面临的洪涝灾害风险将明显增加，近些年我国东南沿海城市常发生“台风、风暴潮、暴雨”等多碰头的极端事件，造成重大的人员、经济损失。孩子、老人等弱势群体是城市地区最脆弱的群体。

24. 我国近40年西北地区“暖湿化”是否可以使西北变江南?

我国西北大部分地区年降水量低于200毫米，甘肃、青海、新疆许多地区甚至不足50毫米。近60年，我国西北地区年平均气温增温速率约为0.30℃/10年，是全球（0.12℃/10年）的2.5倍，也明显高于全国平均水平（0.24℃/10年）。西北大部地区年降水量总体呈增多趋势，但空间分布差异大。西北地区中西部年降水量呈显著增多趋势，东部地区（甘肃东部、宁夏、陕西）年降水量呈减少趋势。1987年左右西北地区中西部气候出现向暖湿转型，2000年开始降水呈显著增多趋势，特别是春季降水增加尤为明显。由于气候变暖，西北地区冰川消融加速，湖泊湿地面积增大，植被长势有所好转，但气候灾害风险不断加大。

由于西北地区的实际降水量远小于潜在蒸发量，在气候变暖的背景下，虽然降水量可能确实有所增加，但一方面降水增加的绝对量很小，另一方面西北地区的潜在蒸发量也增加了，即使降水量的增加幅度超过了蒸发量的增加幅度，也只是意味着干旱状况得到一定缓解，并不意味着气候条件出现了根本性改变。从气候监测看，1961年以来西北地区半干旱以上的面积并没有明显减少，极端干旱面积略有下降并转为半干旱。

而典型的江南地区属于亚热带湿润季风气候，具有四季分明、光照丰富、热量适中、雨量充沛、空气湿润、雨热同季的特点，年降水量多在1000毫米以上，甚至达到2000毫米。因此，西北地区的

"暖湿化"不可能改变其干旱气候格局，更不可能成为江南。

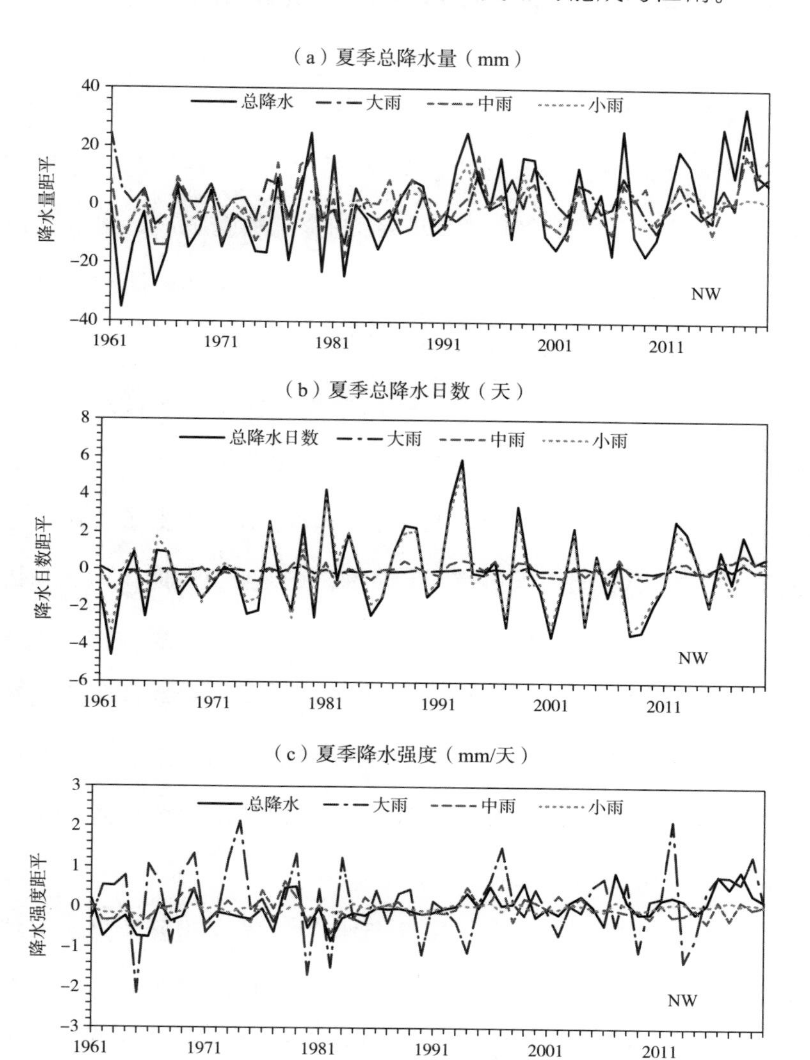

图5 西北地区（35°~50°N，72°~105°E）1961—2020年夏季总降水量、总降水天数和不同等级降水强度的距平时间序列

资源来源：国家气候中心

25.气候变化的影响是否存在跨境关联?

气候变化造成的影响不仅仅局限在一个地区、一个国家，经常会造成全球大范围更为广泛的连锁反应，特别是在目前社会经济更为全球化的情况下。如2007—2008年的全球粮食危机，触发此次危机的主要气候因素是澳大利亚发生的连续干旱事件，而澳大利亚是世界小麦市场的主要供应商。2006年澳大利亚发生了被称为“千年大旱”的旱灾，之后又是多次干旱，导致小麦连续减产。而此前粮食系统已因库存不足，其后逐渐转移到对牲畜饲养和生物燃料生产的影响。由于全球粮食库存不足，各国政府迅速做出了反应，全球排名前17位的小麦出口国中有6个国家、排名前9位的大米出口国中有4个国家都采取了不同程度的贸易限制。由此全球粮食供应大幅度减少，从而推动粮食价格相应飙升。在高收入国家，食物支出在总支出中的比例相对较小，但低收入国家的情况则与之相反，高度依赖粮食进口的国家，在价格暴涨时受到更大冲击，全球多个国家发生骚乱，甚至一些国家政局发生更替。

类似这种影响多个国家、多个行业的气候变化风险虽然可能发生的概率不高，但是一旦发生，通常会以一种难以预测的方式加速演变、连锁发展。它往往是由某一种极端事件引发，通过一系列的因果风险链，进而影响更大范围、多个系统的结构、功能和稳定性，导致大范围、高影响的后果。

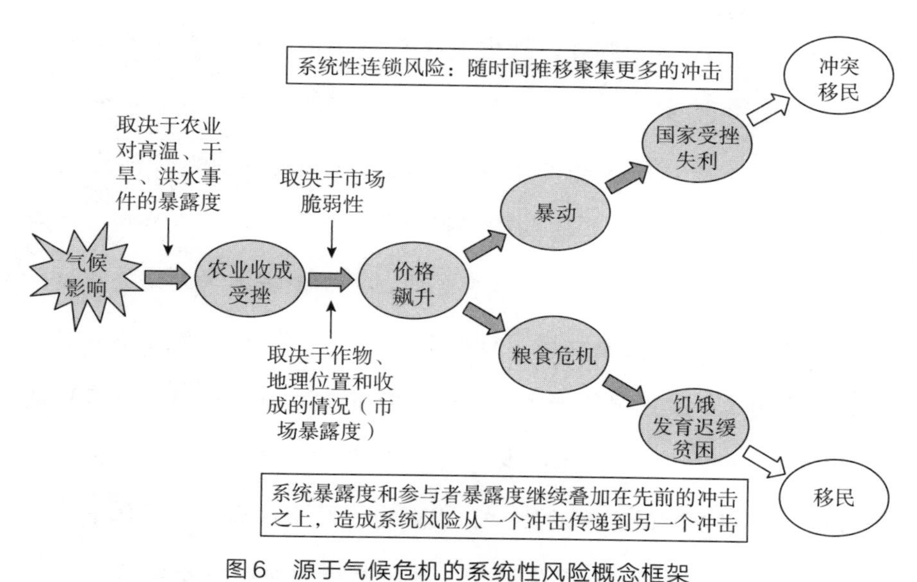

图6　源于气候危机的系统性风险概念框架

资料来源：《中英合作气候变化风险评估——气候风险指标研究》

26. 未来气候风险将是怎样的？

未来全球气候变化带来的风险主要表现在以下几方面。(1) 水资源：随着温室气体浓度的增加风险将显著增加，21世纪许多干旱亚热带区域的可再生地表和地下水资源将显著减少，地区间的水资源竞争恶化。升温每增加1℃，全球受水资源减少影响的人口将增加7%。(2) 生态系统：如寒带北极苔原和亚马孙森林面临高风险，部分陆地和淡水物种可能面临更高的灭绝风险。(3) 粮食生产与粮食安全：如果没有适应，局地温度比20世纪后期升高2℃或更高，预计除个别地区可能会受益外，气候变化将对热带和温带地区的主要作物（小麦、水稻和玉米）的产量产生不利影响。（4）海岸系统和低洼地区：将更多受到海平面上升导致的淹没、海岸洪水和海岸侵蚀等不利影响，沿岸生态系统的压力将显著增加。（5）人体健康：将通过恶化已有的健康问题来影响人类健康，加剧很多地区尤其是低收入发展中国家的不良健康状况。（6）经济部门：对于大多数经济部门而言，温升2℃左右可能导致全球年经济损失达0.2%~2.0%。（7）城市和农村：许多全球的气候风险集中出现在城市地区，而农村地区则更多面临水资源短缺、食物安全和农业收入减少的风险。总体上，相对于工业化前温升1℃或2℃时，全球所遭受的风险处于中等至高风险水平；温升超过4℃或更高，全球将处于高或非常高的风险水平。

27. 全球温升1.5℃或2℃，气候变化造成的影响有什么差别吗？

2020年全球平均地表温度已经比工业革命前升温超过了1.2℃，但是对居住在地球上不同地区的人们，感受到的并不是均匀上升了1.2℃，有些地区已经上升了2℃以上，有些可能还不到1.2℃。当全球升温1.5℃，中纬度地区极端热日会升温约3℃，而全球升温2℃时则约为4℃；全球升温1.5℃，高纬度地区极端冷夜会升温约4.5℃，而全球升温2℃则约为6℃。与全球升温1.5℃相比，预估全球升温2℃时，北半球一些高纬度地区、高海拔地区、亚洲东部和北美洲东部，强降水事件带来的风险更高，与热带气旋相关的强降水更多，受强降水引发洪灾影响的全球陆地面积比例更大。

全球温升1.5℃将对陆地和海洋生态系统、人类健康、食品和水安全、经济社会发展等造成诸多风险和影响，但与全球升温2℃相比，1.5℃温升对自然和人类系统的负面影响更小。如相比2℃温升，1.5℃温升时北极出现夏季无海冰状况的概率将由十年一遇降低为百年一遇；21世纪末全球海平面上升幅度将降低0.1米，使近1000万人口免受海平面上升的威胁；海洋酸化和珊瑚礁受威胁的程度也小于2℃温升的后果。对健康、生计、粮食安全、水供应和经济增长的气候相关风险预估会随着全球升温1.5℃而加大，而随着升温2℃，此类风险会进一步加大。

表1 温升1.5℃或2℃的风险

领域	温升1.5℃的风险	温升2℃的风险
高温热浪（全球人口中至少5年一遇的比例）	14%	37%
无冰的北极（夏季海上无冰频率）	每百年至少1次	每十年至少1次
海平面上升（2100年海平面上升值）	0.40米	0.46米
脊椎动物消亡（至少失去一半数量物种的比例）	8%	16%
昆虫消亡（至少失去一半数量的物种比例）	6%	18%

续表

生态系统（生物群落发生转变对应的地球陆地面积）	7%	13%
多年冻土（北极多年冻土融化面积）	480万平方公里	660万平方公里
粮食产量（热带地区玉米产量减少）	3%	7%
珊瑚礁（减少比例）	70%–90%	99%
渔业（海洋渔业产量损失）	150万吨	300万吨

资料来源：IPCC1.5℃特别报告，2018

第三节　应对气候变化的主要途径

28. 人类应对气候变化的途径是什么？

人类应对气候变化的途径主要是两类，即减缓和适应。减缓是指通过经济、技术、生物等各种政策、措施和手段，控制温室气体的排放、增加温室气体汇。为保证气候变化在一定时间段内不威胁生态系统、粮食生产、经济社会的可持续发展，将大气中温室气体的浓度稳定在防止气候系统受到危险的人为干扰的水平上，必须通过减缓气候变化的政策和措施来控制或减少温室气体的排放。控制温室气体排放的途径主要是改变能源结构，控制化石燃料使用量，增加核能和可再生能源使用比例；提高发电和其他能源转换部门的效率；提高工业生产部门的能源使用效率，降低单位产品能耗；提高建筑采暖等民用能源效率；提高交通部门的能源效率；减少森林植被的破坏，控制水田和垃圾填埋场排放甲烷等，由此来控制和减少二氧化碳等温室气体的排放量。增加温室气体吸收的途径主要有植树造林和采用固碳技术，其中固碳技术指把燃烧排放气体中的二氧化碳分离、回收，然后深海弃置和地下弃置，或者通过化学、物理以及生物方法固定。从各国政府可能采取的政策手段来看，可以实行直接控制，包括限制化石燃料的使用和温室气体的排放，限制砍伐森林；也可以应用经济手段，包括征收污染税费，实施排污权交易（包括各国之间的联合履约），提供补助资金和开发援助；还需要鼓励公众参与，包括向公众提供信息，致力于开发各种先进发电技术及其他面向碳中和目标的远景能源技术，等等。

适应是自然或人类系统在实际或预期的气候变化刺激下做出的一种调整反应，这种调整能够使气候变化的不利影响得到减缓或能够充分利用气候变化带来的各种有利条件。适应气候变化有多种方式，包括制度措施、技术措施、工程措施等，如建设应对气候变化基础设施、建立对极端天气和气候事件的监测预警系统、加强对气候灾害风险的管理等。在农业适应气候变化方面，为应对干旱发展新型抗旱品种、采取间作方式、作物残茬保留、杂草治理、发展灌溉和水培农业等；为应对洪涝采取圩田和改进的排水方法、开发和推广可替代作物、调整种植和收割时间等；为应对热浪发展新型耐热品种、改变耕种时间、对作物虫害进行监控等。

29. 各行业有哪些主要的减排措施?

应对气候变化的减排措施指的是通过经济、技术、生物等各种政策和手段，控制温室气体的排放、增加温室气体汇，其中减少温室气体排放是核心措施，能源供应部门的重大转型是保证温室气体排放减少的根本保证。

能源供应部门：发电装置实现脱碳，来自可再生能源、核能，以及使用碳捕集与封存技术（CCS）的化石能源等零碳或低碳能源供给占一次能源供给的比重需大幅度提升，尽可能淘汰不使用碳捕集与封存技术的煤电。

能源应用领域：依靠节能技术、交通工具改进、行为变化、基础设施改进和城市发展，减少能源领域的需求；应用新技术、知识、制定发布能效政策、建筑法规和标准，促进建筑部门减少能源的使用；工业部门通过技术升级改造、换代等措施，在现有基础上提高能效、降低单位能源排放、回收利用材料、减少产品需求。

农业和林业领域：造林、减少砍伐和可持续的森林管理是有效的减排手段之一。农业领域最有效的手段是农田、牧场管理和恢复有机土壤。城市化带来收入增长的同时也带来高能耗和高排放，要在提高能效和土地规划、跨部门协同措施实现减排。

部门协同：能源供应与能源终端用户部门之间在减排步调上具有很强的相互依赖性，及早实施系统的、跨部门的减排战略，可以减少成本、提高成效。

此外，碳排放交易作为一种重要的市场手段，通过规定碳的实价或隐含价的政策能刺激生产商和消费者大量投资温室气体低排放量的产品、技术和流程，有助于减少排放。

30. 负排放技术有哪些?

实现碳中和目标，需要应用负排放技术（NETs）从大气中移除二氧化碳并将其储存起来，以抵消那些难减排的碳排放。碳移除（CDR）可分为两类：一是基于自然的方法，即利用生物过程增加碳移除，并在森林、土壤或湿地中储存起来；二是技术手段，即直接从空气中移除碳或控制天然的碳移除过程以加速碳储存。表2列出了一些负排放技术的例子。不同技术的机理、特点、成熟度差别较大。

表2 负排放技术举例

技术	描述	碳移除机理	碳封存方式
造林/再造林	通过植树造林将大气中的碳固定在生物和土壤中	生物	土壤/植物
生物炭（Biochar）	将生物质转化为生物炭并使用生物炭作为土壤改良剂	生物	土壤
生物质能源耦合碳捕集与封存（BECCS）	植物吸收空气中的二氧化碳并作为生物质能源利用，产生的二氧化碳被捕集并封存	生物	深层地质构造
直接从空气中捕集并封存（DACCS）	通过工程手段从大气中直接捕集二氧化碳并封存	物理/化学	深层地质构造
强化风化/矿物碳化（Enhanced weathering/Mineral carbonation）	增强矿物的风化使大气中的二氧化碳与硅酸盐矿物反应形成碳酸盐岩	地球化学	岩石
改良农业种植方式	采用免耕农业等方式来增加土壤碳储量	生物	土壤
海洋施肥（Ocean fertilization）	向海洋投放铁盐增加海洋生物碳汇	生物	海洋
海洋碱性（Ocean alkalinity）	通过化学反应提高海洋碱性以增加海洋碳汇	化学	海洋

资料来源：作者综合整理

短期内，基于自然的碳移除可以发挥重要作用，且有改善土壤、水质和保护生物多样性等协同效益。长期来看，基于自然的碳移除难以永久地移除大气中的二氧化碳，一场森林大火，原本储存的碳最终可能会再释放到大气中。通过技术手段的负排放技术如BECCS、

DACCS，大规模应用也面临很多挑战。例如，BECCS需要大规模生产生物能源，对土地和水资源带来压力。此外，BECCS涉及生物能源的生产、收集、储存、运输、利用，以及碳捕集、输送、封存等诸多环节，从全生命周期看实现负排放的效果还需要做详细的评估。

31. 全球实现2℃或1.5℃温升目标的排放路径是什么?

由于二氧化碳在大气中的存在寿命最长可以达到200年，所以即使人类停止向大气中排放二氧化碳，但累积在大气中的二氧化碳还会造成全球气温的持续上升。存留在大气中的二氧化碳的升温效应，被称为二氧化碳的累积效应。因此，在考虑将温升控制在2℃或1.5℃目标的排放路径时，不仅需要考虑全球剩余的排放空间，还需要考虑二氧化碳的累积效应。IPCC对实现2℃或1.5℃温升目标排放路径做了综合评估，并对不同的模式结果进行了对比和计算，给出了不同温升目标下全球温室气体排放的路径。IPCC第五次评估报告指出全球若要实现2℃温升目标，需要在2050年时的全球温室气体排放量比2010年减少40%~70%，在21世纪末温室气体的排放量要接近或者是低于零。2018年，IPCC发布的《全球1.5℃增暖》报告指出要实现温升1.5℃目标，需要2030年全球温室气体排放量比2010年减少40%~60%，在2050年左右温室气体的排放量接近于零。

32. 实现全球碳中和目标需要多大规模上应用负排放技术?

达到全球某一温度，取决于CO_2净零排放时的累积全球人为CO_2净排放量以及达到这一温度之前几十年中的非CO_2辐射强迫水平。以全球温升控制1.5℃为例，实现这一温控目标存在多种可能的排放路径。在有无过冲1.5℃的排放路径中，需要到2030年全球净人为CO_2排放量比2010年减少约45%；在2050年左右达到净零排放。实现这一目标，需要各种减排措施组合，包括降低能源和资源强度、脱碳率以及依靠二氧化碳移除等负排放技术等。通过比较采取下述四个路径，可以说明采取不同力度措施的特征，不同路径下应用负排放技术的规模和程度是不同的。

路径1（P1）是社会、商业和技术创新导致2050年能源需求下降的情景。该路径下全球生活水平不断提高，特别是发展中国家。一个小型能源系统可以实现能源供应的快速脱碳。该路径下造林是唯一考虑的负排放方案，化石燃料与CCS和BECCS都不使用。

路径2（P2）是广泛关注可持续发展，包括能源强度、人类发展、经济一体化和国际合作，以及向可持续和健康消费模式、低碳技术创新以及管理良好的土地系统转变的情景，社会接受BECCS程度不高。

路径3（P3）是中间路线情景，其中社会和技术发展遵循历史模式。减排主要是通过改变能源和产品的生产方式来实现，其次是减少需求程度。

路径4（P4）是资源和能源密集型情景，经济增长和全球化导致广泛采用温室气体密集型生活方式，如对运输燃料和畜产品的过度需求，减排主要是通过大力部署BECCS等负排放技术手段实现。

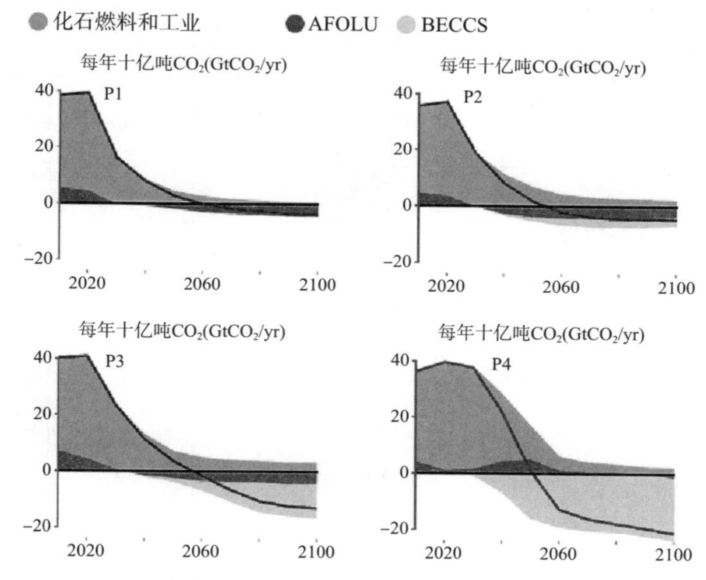

图7 四种路径下全球二氧化碳近零排放的贡献分解

资料来源：IPCC 1.5℃特别报告，2018

表3 四种路径下的全球近零二氧化碳排放的贡献分解

全球指标	P1	P2	P3	P4
路径分类	有无过冲 1.5℃	有无过冲 1.5℃	有无过冲 1.5℃	超过 1.5℃
2050年CO_2排放变化（%***）	−93	−95	−91	−97

续表

全球指标	P1	P2	P3	P4
2050年《京都议定书》*规定温室气体排放变化率（%***）	−82	−89	−78	−80
2050年终端能源需求**变化（%***）	−32	2	21	44
2050年电力系统中可再生能源份额（%）	77	81	63	70
2050年一次能源中的煤炭占比（%***）	−97	−77	−73	−97
2050年一次能源中的石油占比（%***）	−87	−50	−81	−32
2050年一次能源中的天然气占比（%***）	−74	−53	21	−48
2050年一次能源中的核能占比（%***）	150	98	501	468
2050年一次能源中的生物质能占比（%***）	−16	49	121	418
2050年一次能源中的非生物质能占比（%***）	833	1327	878	1137
2100年累积CCS（$GtCO_2$）	0	348	687	1218
2100年累积BECCS（$GtCO_2$）	0	151	414	1191
2050年生物能源作物种植面积（百万平方公里）	0.2	0.9	2.8	7.2

续表

全球指标	P1	P2	P3	P4
2050年农业CH_4排放（%***）	−33	−69	−23	2
2050年农业N_2O排放（%***）	6	−26	0	39

注：*《京都议定书》气体排放基于IPCC第二次评估报告的GWP-100；

**能源需求的变化与能源效率的改善和行为的改变有关；

***相对于2010年。

资料来源：IPCC1.5℃特别报告，2018。

33. 气候变化将给国际投资带来哪些变化？

自20世纪80年代末以来，气候变化深刻影响着人类生存和发展。温室气体排放引起全球气候变暖，导致环境危机，使人类面临严峻挑战。为了有效应对气候变化，促进国际合作，国际社会先后签订了《联合国气候变化框架公约》《京都议定书》《巴黎协定》等一系列应对气候变化的国际协定。各国政府为了履行国际气候协定的义务，在采取大量激励低碳领域投资发展措施的同时，也制定了不少限制甚至取消高耗能、高排放、高污染领域投资的措施。这些措施不仅促进了新型低碳经济的产生，也使那些不符合低碳经济特征、不能达到温室气体排放标准和减排要求的外国投资者处于不利竞争地位。

为应对气候变化，国际市场将投资分为气候友好型投资和非气候友好型投资，前者能够推动温室气体减排，促进应对气候变化措施的实行，而后者可能对应对气候变化产生阻碍作用。二者享有不同政策和待遇，对气候友好型投资，东道国往往采取税收优惠等一系列激励措施，对非气候友好型投资则不会。比如，同是汽车制造企业，采用低碳排放的新能源汽车制造企业会比采用高碳排放的传统柴油发动机汽车制造企业享有更多的优惠待遇。此外，气候变化可能会改变一个国家的比较优势，从而改变资本流向，影响国际投资格局，这对于比较优势源于气候和地理特征的国家，影响尤为明显。例如若一国政府要求所有使用化石燃料的发电厂采用碳捕集与封存技术，就会增加发电厂投资的经营成本；如果政府对于碳密集型产业实施严格的排放标准，也会损害投资者的利润及竞争力。

跨国公司作为国际投资的主体，其带来的外商直接投资可能帮助东道国实现低碳转型，但同时也会为应对气候变化带来不利影响，如在制造工业产品、运输产品过程中排放大量的温室气体。对于投资碳密集型产业的跨国公司，在面对应对气候变化措施的具体要求时，也会通过有关国际投资条约保护其投资利益。国际投资条约目前主要有三种形式：双边投资协定、区域性投资协定和自由贸易协定中的投资协定。由于这三种国际投资条约的基本目标都是促进和保护外国投资者的投资利益，限制或禁止东道国政府对投资者利益产生不利影响和损害的规制措施，因此可能会忽略东道国管制经济和保护环境的主权权力，产生国际投资条约片面强调保护投资者利益的问题，从而与《联合国气候变化框架公约》《京都议定书》等应对气候变化的国际协议和条约之间存在冲突。这也导致各国越来越重视因实施气候变化应对措施给国际投资者带来的新责任负担以及这种责任负担是否会阻碍政府采取必要减排措施的现实问题。

34. 为什么即使实现1.5℃温升目标，适应气候变化仍然很重要?

适应气候变化是指适应当前或预期的气候变化及其影响的过程。尽管气候变化是一个全球性的问题，但它对世界各地的影响是不同的，这意味着自然生态系统、社会经济系统对当地气候变化的反应往往是不同和具体的，不同地区的人们需要以不同的方式进行适应。如果全球温度从目前高于工业化前水平的约1.2℃上升到1.5℃甚至更高，适应气候变化的需求就会增加。当然，将全球平均温度稳定在比工业化前水平高出1.5℃所需的适应努力要小于2℃所需的适应努力。即使是向实现1.5℃目标努力，今天采取减缓措施，使温室气体排放减少，甚至走近零排放的道路，但是其在过去或者现在排放的温室气体的气候效应，仍会影响几十年、几百年甚至更长时间，比如即使在21世纪末将全球升温限制在1.5℃，南极海洋冰盖不稳定、格陵兰冰盖不可逆的损失将会继续导致海平面在数百年至数千年内上升数米。因此，适应气候变化的努力仍然必不可少。

已有的许多适应实践正在帮助人们减少遭受气候变化的不利影响，包括加强灾害预警预报，投资防洪设施、建设海堤或恢复红树林，基于生态系统的适应，加强生物多样性管理，发展可持续水产养殖业，帮助人们搬离高风险地区居住，选择抗旱作物品种避免产量减少，建立可持续的水资源管理制度，培育更好地应对气候变化影响的能力，加强融资机制等。

由于适应工作在许多地区处于起步阶段，弱势群体的适应能力仍存在问题。因此，成功的适应需要得到国家和地方各级政府的大力支持，政府在协调、规划、确定政策优先事项以及分配资源和支持方面可以发挥重要作用。同时，由于气候风险的局地性特征明显，不同地区的适应气候变化需求非常不同，减少气候风险的措施也将在很大程度上取决于本地的不同情况。

如果成功地进行了适应，将可以最大限度地减少气候变化的不利后果。例如，农民改种耐旱作物以应对日益频繁的热浪、建造海堤来阻止因气候变化引起的海平面上升造成的洪水。在某些情况下，气候变化的影响可能导致整个系统发生重大变化，例如变化了的气候需要当地改向一种全新的农业系统，调整城市规划以改变整个城市的洪水管理方式等，这些行动明显需要体制、组织结构的转变和更大的财政支持。同时，适应是一个反复的过程，需要在不断对特定适应行动进行评估的基础上完善和修订适应战略，还需要充分考虑特定的适应选择可能存在一定的权衡，如上游收集雨水可能会减少下游的可用水，海水淡化厂虽然可以改善水的供应，但随着时间推移又会存在很大的能源需求，因此选择某种适应措施要充分评估。

35. 沿海地区社区和人群如何更好适应气候变化?

气候变化将导致全球平均海平面持续上升几个世纪。1901—1990年，全球平均海平面每年上升1.5毫米，2005—2015年加速至3.6毫米。到21世纪末海平面可能上升0.26~0.82米，甚至可能更高。到2300年，海平面可能会上升到3米以上，这取决于温室气体排放水平和南极冰盖的反应。如果不采取切实可行的适应措施，沿海风暴和超高潮汐等灾害的综合影响将大大增加低洼海岸地区发生洪水的频率和严重程度。

而沿海地区往往是人口最为聚集、经济最为发达的地区，集中了大量资产和重要资源。许多沿海地区已经采取了一系列措施解决因海平面上升而加剧的沿海灾害，如风暴潮、热带气旋等极端事件造成的沿海洪水、海岸侵蚀和盐碱化，但仍然不能充分适应今天的极端海平面。

由于具体条件不同，沿海地区采取的适应措施需要因地制宜。一些“硬防护”措施，如修建堤坝和海堤可以有效降低海平面上升2米或2米以上的风险，但修建高度不可避免地会有极限。在人口稠密的低洼沿海地区，如许多沿海城市和小岛屿地区，这种保护措施所产生的效益超过其投入成本，但较贫穷地区则难以承担硬保护措施的成本。维持健康的沿海生态系统，如红树林、海草床或珊瑚礁，是可以采取的“软保护”措施。在风险非常高且无法有效降低的沿海地区，从海岸线“撤退”是消除风险的唯一途径。居住在低洼岛屿上的数百万人口，包括小岛屿发展中国家的居民、一些人口稠密但不太发达的三角洲地区的居民以及已经面临海冰融化和前所未有的气候变化的北极地区的居民，都面临比较严峻的形势。因此，沿海国家、城市和地区需要采取更加紧迫的适合当地的适应行动。

第三章

实现碳达峰、碳中和目标的政策行动

全球气候变化不断为人类社会敲响警钟，面对气候变化的严峻挑战，国际气候进程也在艰难坎坷中砥砺前行。实现碳达峰、碳中和目标，需要采取更强的政策行动，意味着全面深刻的社会经济转型。本章从全球和中国碳排放现状和趋势入手，简要回顾国际气候治理及中国的贡献，重点从技术和政策行动等不同方面，分部门分领域探讨碳达峰、碳中和目标下的挑战、机遇和转型发展路径。

第一节 全球和中国碳排放现状和趋势

36. 全球温室气体排放现状如何?

根据荷兰环境评估署(PBL)2020年发布的数据，自2010年以来，全球温室气体排放总量平均每年增长1.4%。2019年创下历史新高，不包括土地利用变化的排放总量达到524亿吨二氧化碳当量，分别比2000年和1990年高出44%和59%，全球人均温室气体排放量达到6.8吨二氧化碳当量。若包括土地利用变化排放的55亿吨二氧化碳当量，全球总排放量高达591亿吨。

2010—2019年，化石燃料燃烧和水泥生产等工业过程排放二氧化碳，占全球温室气体排放总量的72.6%，是温室气体的主要来源。甲烷(CH_4)和氧化亚氮(N_2O)的排放占比分别约为19.0%和5.5%，还有2.9%的排放来源于氢氟碳化物(HFCs)、全氟化碳(PFCs)、六氟化硫(SF_6)等含氟气体。

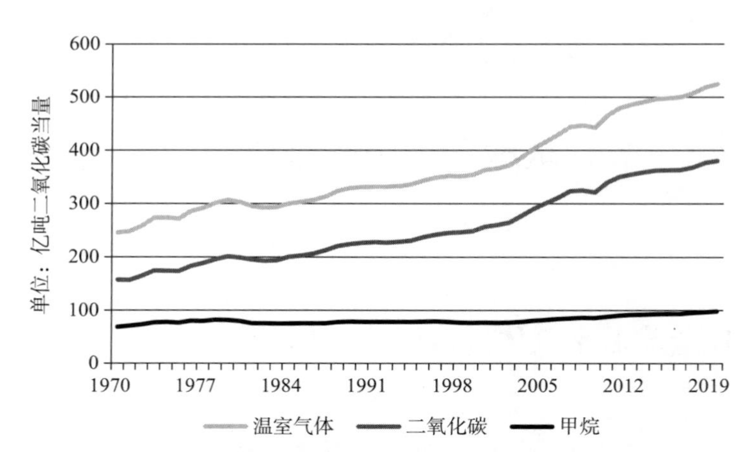

图8　全球温室气体排放总量及主要温室气体排放量（1970—2019）

注：温室气体排放总量不包括土地利用变化排放。

数据来源：荷兰环境评估署Trends in global CO_2 and total greenhouse gas emissions: 2020 report。

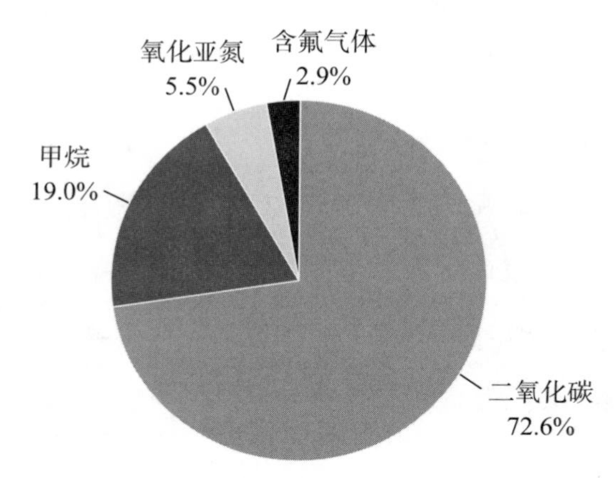

图9　全球温室气体（不包括土地利用变化）排放来源（2010—2019年）

数据来源：联合国环境规划署的排放差距报告2020

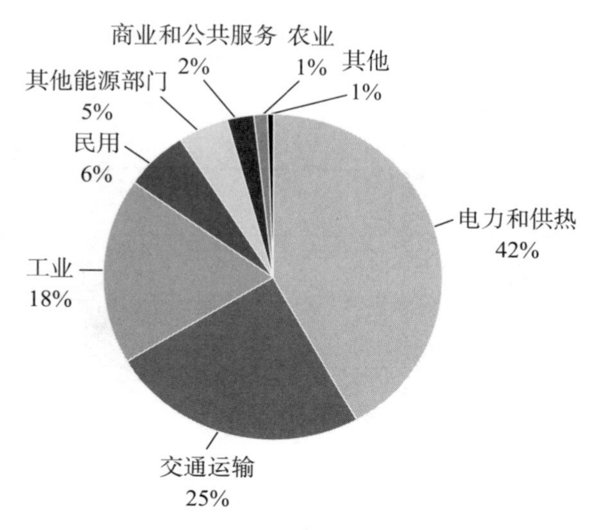

图10 全球二氧化碳排放的部门分布（2019年）

数据来源：IEA: https://www.iea.org/subscribe-to-data-services/co2-emissions-statistics

根据国际能源署（IEA）化石燃料燃烧的二氧化碳排放数据，2019年来自煤炭、石油和天然气的碳排放分别占43.8%、34.6%和21.6%，同样热值的煤炭燃烧排放的二氧化碳约是天然气的两倍。从部门分布看，电力和供热、交通运输、工业是全球二氧化碳排放量最大的部门，三者合计占85%左右。

根据UNEP《排放差距报告2020》的数据，2010–2019的十年间，前六大温室气体排放国（地区）合计占全球温室气体排放总量（不包括土地利用变化）的62.5%，其中中国占26%，美国占13%，欧盟27国和英国占8.6%，印度占6.6%，俄罗斯占4.8%，日本占2.8%。按人均排放量计算，2019年全球人均排放约为6.8吨，美国高出世界平均水平3倍，而印度相比世界平均水平约低60%。

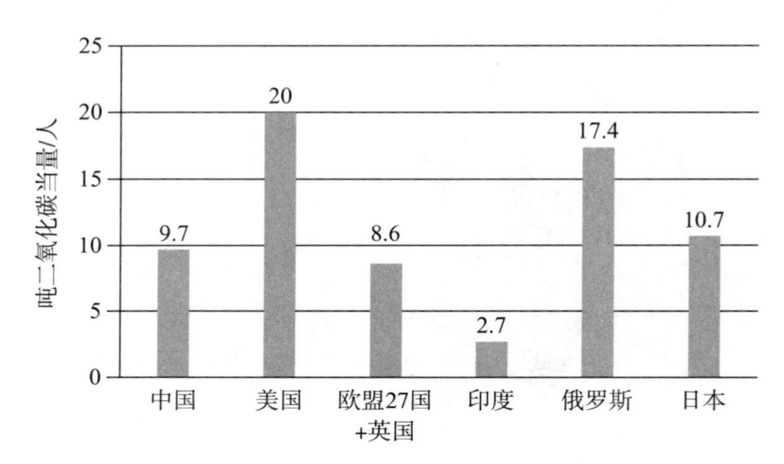

图11　全球主要排放国人均温室气体排放量（2019年）

数据来源：UNEP: Emissions Gap Report 2020

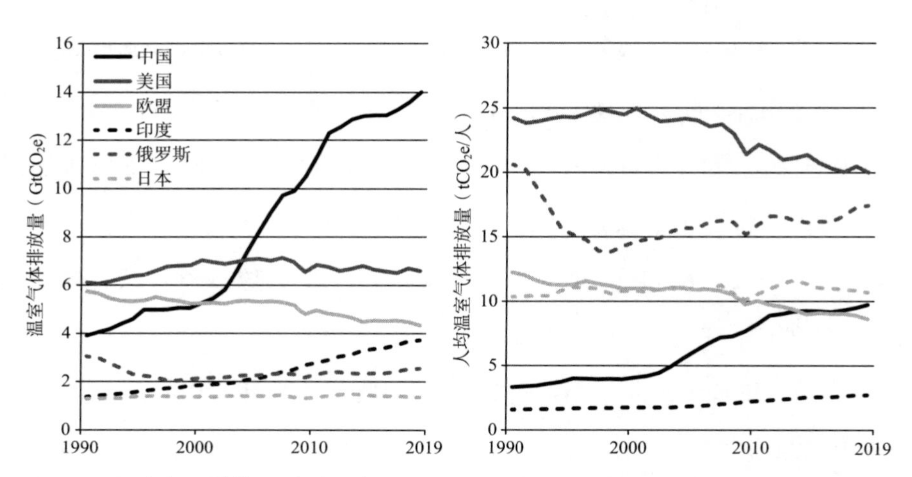

图12　全球主要排放国（地区）及国际运输的温室气体排放（1990—2019年）

注：左图为绝对排放量（单位：十亿吨二氧化碳当量），右图为人均温室气体排放量（单位：吨二氧化碳当量/人），均不包括土地利用变化排放。

数据来源：UNEP: Emissions Gap Report 2020

37. 中国温室气体排放现状如何？

根据荷兰环境评估署数据，2019年我国温室气体排放量达到140亿吨二氧化碳当量，人均约为9.7吨二氧化碳当量，排放总量约占全球温室气体排放总量（不包括土地利用变化）的27%。2010—2019年的十年间我国温室气体排放总量年均增长约为2.3%，高于全球平均水平。2010年以来，我国温室气体排放总量增加了约24%，其中二氧化碳排放量增加了26%。

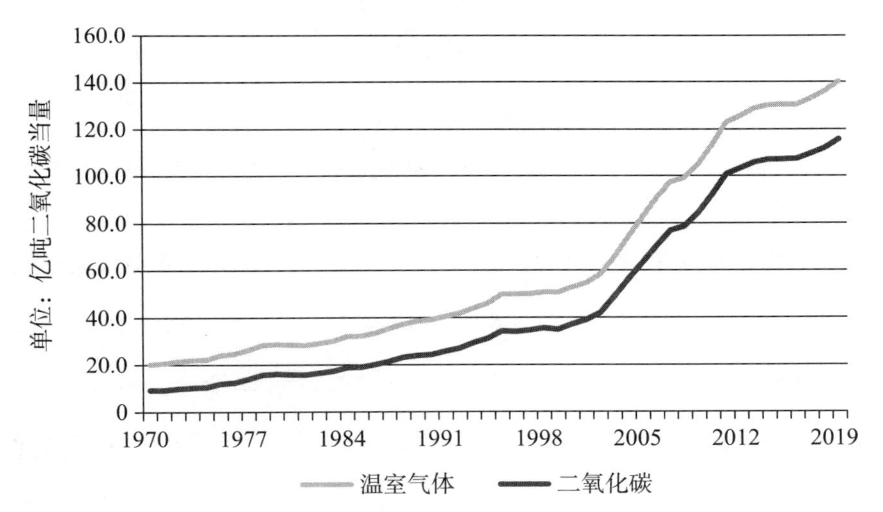

图13　我国温室气体和二氧化碳排放量（1970—2019）

数据来源：荷兰环境评估署：Trends in global CO_2 and total greenhouse gas emissions: 2020 report

2019年，二氧化碳排放量在我国温室气体排放总量中的比重达到82.6%，高于全球平均水平约10个百分点，除二氧化碳之外，

11.6%的排放源于甲烷，约3.0%和2.8%来源于氧化亚氮和氟化气体的排放。

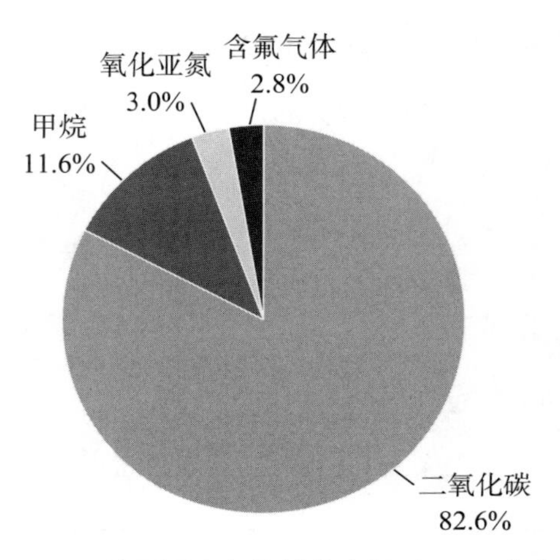

图14　我国温室气体排放来源（2019年）

数据来源：荷兰环境评估署: Trends in global CO_2 and total greenhouse gas emissions: 2020 report

根据IEA化石燃料燃烧的CO_2排放数据，2018年煤炭、石油、天然气燃烧的碳排放分别占80%、14%和6%，煤炭燃烧是最重要的碳排放源。分部门来看，电力和供热的碳排放约占一半，工业占28%，合计接近80%，此外交通运输、民用等也是CO_2排放的重要领域。

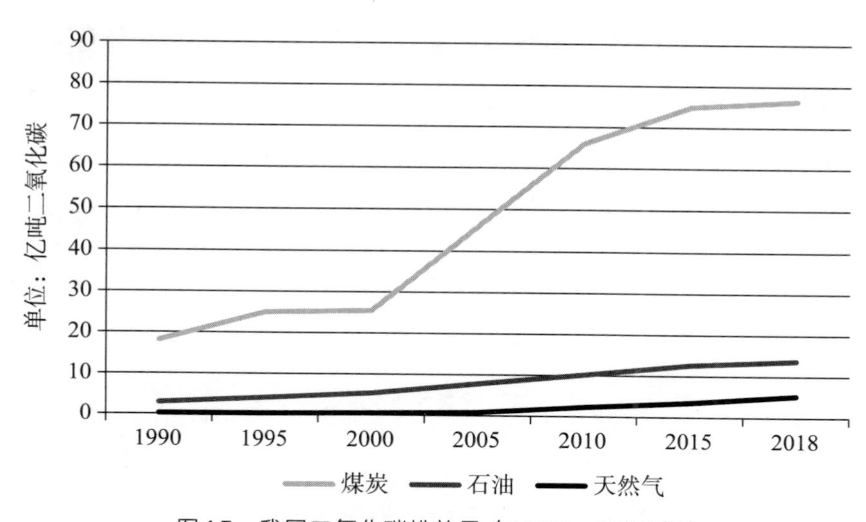

图15 我国二氧化碳排放量（1990—2018年）

数据来源：IEA: https://www.iea.org/subscribe-to-data-services/world-energy-balances-and-statistics

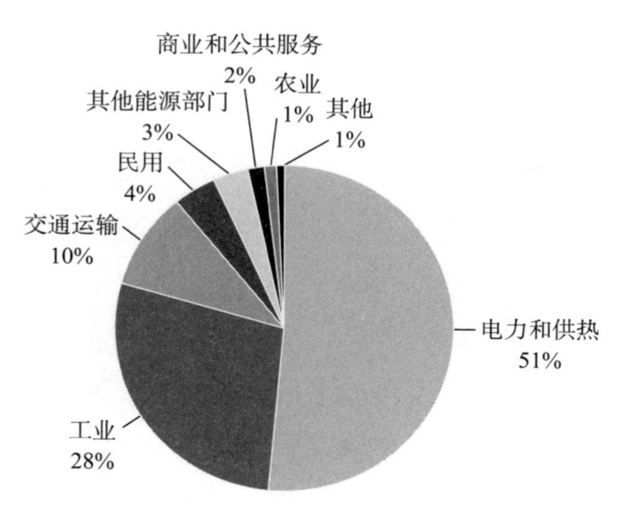

图16 我国二氧化碳排放来源（按部门分类，2018年）

数据来源：IEA: https://www.iea.org/subscribe-to-data-services/co2-emissions-statistics

需要说明的是，除PBL采用的全球大气研究排放数据库（EDGAR）之外，国际上还有多家机构建立了不同碳排放数据库，如公约秘书处、英国石油公司（BP）、美国橡树岭国际实验室碳信息分析中心（CDI-AC）、美国能源信息管理局（EIA）以及世界资源研究所（WRI）开发的气候分析指标工具（CAIT）、全球碳项目（GCP）等。不同数据库统计的覆盖范围、口径和估计算法不同，碳排放数据会有一定差异。

38.影响碳排放的主要因素有哪些?

碳排放具体涉及国家碳排放总量、国家累积碳排放、人均碳排放、人均历史累积碳排放等概念。一国人均碳排放水平主要受到以下社会经济驱动因子的影响。

经济发展阶段。主要体现在产业结构、人均收入和城市化水平等方面。产业结构变动对一国能源消费和碳排放有重要影响。人均收入增加将会提高一国居民对环境产品的支付能力和意愿。发达国家处于后工业化时代，城市化已经完成，碳排放主要由消费型社会驱动，而发展中国家如中国还处于经济发展的存量积累阶段，主要是生产投资和基础设施投入带动的资本存量累积的碳排放。

能源资源禀赋。碳排放主要来源于化石能源的使用，煤炭、石油、天然气的碳排放系数依次递减，绿色植物是碳中性的，太阳能、风能、水能等可再生能源以及核能属于零碳能源，一国的能源资源禀赋会显著影响碳排放量，丰富的低碳资源对于降低碳排放具有重要意义。提升清洁能源比重，推动能源结构转换将有助于降低碳排放强度。

技术因素。技术进步可以通过改进提升能源利用效率、管理效率以及碳捕集与封存等技术发展水平，进而减缓甚至降低二氧化碳的排放。

消费模式。能源消耗及其排放在根本上受到全社会消费活动的驱动，发展水平、自然条件、生活方式等方面的差异导致不同国家居民能源消耗和碳排放的巨大差异，消费模式和行为习惯对于碳排放影响显著，如美国人均碳排放水平是欧盟国家的两倍以上。

此外，人口变化和环境政策以及国际环境也会对一国碳排放产生重要影响。

39.国际贸易对碳排放有什么影响?

在经济全球化的背景下，国际贸易的发展使得生产和消费行为跨越国界，带来碳排放的区域转移问题。国际贸易中商品“隐含碳排放”问题因为涉及碳减排的国际责任，在国际气候治理中备受关注。

有观点认为国际贸易可能导致出现“碳泄漏”问题，即承担减排义务的国家由于采取减排措施导致生产活动转移到没有实施环境管制的国家，从而降低碳减排政策的效果。如发达国家碳密集型产业转移到发展中国家，再从这些国家进口低附加值的产品或半成品，使发达国家自身的碳排放水平降低，得以完成本国碳减排目标，但却推高发展中国家碳排放量，从而形成“碳泄漏”。但也有研究认为，导致产业转移的主要原因是生产要素价格，碳管制导致“碳泄漏”的观点缺乏实证基础。

为了明确国际贸易中的碳排放责任问题，当前存在“生产者负责原则”和“消费者负责原则”两种不同的意见。前者又称为“污染者负责原则”，要求污染者为所造成的污染后果支付费用，OECD国家基本都采用“污染者负责原则”作为制定环境政策的基本依据，IPCC公布的国际碳排放数据也是依据基于领土责任的“污染者负责原则”计算。另一种解决国际贸易碳排放责任的分配原则是“消费者负责原则”，要求消费者应对产品生产过程中产生的整体生态影响和碳排放负责。如果从消费的角度重新界定和核算各国的碳排放量，发达国家将普遍增加，发展中国家则相应减少。我国作为“世界工厂”承担了大量国际转移排放，我国出口商品所载隐含能源消费约占我国能源消费总量四分之一左右。因此，国际贸易的变化和调整对我国碳排放总量和结构也会产生重要影响。

40. 农业是碳排放源还是吸收汇？

在自然和人为活动的影响下，农业、林业和其他土地利用（AFOLU）既是重要的二氧化碳（CO_2）吸收汇，如造林、土壤固碳管理等，也是CO_2、甲烷（CH_4）和氧化亚氮（N_2O）的重要排放源，如毁林、泥炭地排干等。农业活动是主要的非CO_2排放源，如畜禽养殖和水稻种植产生的CH_4排放，粪便管理、农田土壤以及生物质燃烧排放的N_2O。2007—2016年全球AFOLU温室气体排放占人为温室气体排放总量的22%。改善农田水肥管理、改善动物管理和放牧管理、减少草地开垦、增加农林复合系统等技术措施具有较高的CH_4和N_2O减排潜力和固碳潜力；造林和森林经营管理、防止毁林和森林退化是增加森林生态系统碳储量的重要举措。农林业作为较低成本的减排领域，不仅具有较大减排潜力，还具有降低空气、水体和土壤等环境污染的协同效应。

生物固碳是利用植物的光合作用，通过控制碳通量以提高生态系统的碳吸收和碳储存能力，因此是固定大气中二氧化碳最经济且副作用最少的方法。生物固碳技术主要包括三方面：一是保护现有碳库，即通过生态系统管理技术，加强农业和林业的管理，从而保持生态系统的长期固碳能力；二是扩大碳库来增加固碳，主要是改变土地利用方式，并通过选种、育种和种植技术，增加植物的生产力，增加固碳能力；三是可持续性，如用生物质能替代化石能源等。

目前种植业常用的减排增汇措施包括：氮肥减量深施、稻田水肥管理、稻田施用腐熟有机肥、旱地施用高效肥料、有机肥替代化肥、高产低排放品种选育、优化耕作时间、生物炭、保护性耕作、秸秆还田等。畜牧业减排增汇措施包括：低蛋白日粮、家畜育种改进、饲料添加剂、提高饲料精粗比、改善粗饲料的质量、户用沼气、沼气工程、禁牧、中牧、轻牧等。林业减排增汇措施包括：人工造林、林地管理、减少森林采伐、森林灾害管理、林产品管理等。湿地减排增汇措施包括：湿地植被恢复与重建、湿地水文恢复、湿地基质改良等。

41. 土地利用变化如何影响全球气候变化?

土地利用变化是全球气候变化的重要影响因子。人类社会工业化、城市化进程改变了对土地的使用方式，同时也改变了土地覆盖物的类型，这样的变化直接造成了陆地表面物理特性的变化，改变了陆表和大气之间的能量以及物质交换，影响了地表的能量平衡，进而对区域气候变化产生重要影响。陆地表面上植被类型、密度和有关土壤特性的变化通常也会造成陆地区域中碳的存储以及通量的改变，从而使大气中温室气体的含量发生变化。

人类活动对大范围植被特性的改变会影响地球表面的反照率。例如农田的反照率就与森林等自然植被有很大的不同，森林地表的反照率通常比开阔地要低，因为森林中有很多较大的叶片，入射的太阳辐射在森林的树冠层中会经历多次的反射、折射，导致反照率降低。人类活动向大气中排放的气溶胶也会影响地表的反照率，特别是雪地上方的黑碳气溶胶，它的存在也会降低地表的反照率。

土地利用变化还会引起地表一些其他物理特性的变化，例如地表向大气的长波辐射率、土壤湿度和地表粗糙程度等物理特征，它们可以通过陆地和大气之间的各种能量交换来改变地表能量和水汽的收入、支出，直接影响到近地面的大气温度、湿度、降水和风速等，对局地和区域的气候产生一定程度的影响。例如，南美洲的亚马孙森林对这一区域的地表温度和水循环具有重要的影响，亚马孙河流域的降水大约有一半是从森林的蒸发而来，如果亚马孙森林受到破坏，将改变径流和蒸发的比率，使区域水循环发生重大改变。土地利用变化对我国的区域降水和温度也有明显影响，例如我国西北地区的荒漠化和草原退化将会造成大部分地区的降水减少，华北和西北的干旱加剧，气温升高。

42. 受新冠肺炎疫情影响，碳排放下降了多少？对减缓全球气候变化有多大贡献？

2020年受新冠肺炎疫情的影响，全球人类活动产生的温室气体排放比上一年下降了5%~7%。2020年人为温室气体排放量的降低并没有对全球大气二氧化碳浓度产生明显影响，也没有从根本上改变全球气候变暖的趋势。2020年全球主要温室气体浓度仍在持续上升，全球平均温度较工业化前水平高出约1.2℃，是有完整气象观测记录以来的第二暖年份，2015—2020年这六年也是有记录以来最暖的六个年份。

为了形象地解释为什么2020年人为碳排放的减少对气候变暖的趋势几乎没有影响，我们用一个游泳池里面的水量来代表大气中的二氧化碳含量，用水位高低的变化来代表大气中二氧化碳总量的变化。就算没有人为碳排放，这个游泳池的水位也会发生变化，因为有雨水进入（代表地球自然生态系统排放的二氧化碳）使水位增加，而水面蒸发（代表地球自然生态系统吸收的二氧化碳）又使水位降低，从而使水位出现自然波动。如果把大气中十亿吨的二氧化碳换算成1立方米的水，则每年有110立方米的雨水流进了泳池，由于泳池的表面蒸发，每年泳池损失的水量也差不多，因此在自然状态下泳池的水位是基本上保持稳定的；但由于蒸发和降水有季节性变化，且流入和流出也并不是严格同步的，所以泳池水位在冬季稍高、在夏季稍低，变化范围是±0.5厘米左右。工业化以来的人为碳排放相当于在泳池上面安装了一个水龙头，水龙头流出的水相当于每年使水位增加11毫米，即每天增加0.03毫米。工业化以来的人为碳排放已经累计使泳池水位增加了64厘米，也就是说，正是1750年以来增加的这64厘米的水位造成了全球气候变暖，而每天的人为碳排放相当于只是使水池水位增加了0.03毫米，对全球变暖的贡献微乎其微。所以，2020年人为碳排放减少5%~7%，相当于使水位上升的速率每天减少0.002毫米，这比漂浮在泳池水面上的一根头发都细得多，对水位的影响完全可以忽略不计。因此，2020年人为温室气体排放量的降低并没有对全球大气二氧化碳浓度产生明显影响，也不会从根本上改变全球气候变暖的趋势。

第二节 全球气候治理及中国的贡献

43. 国际气候谈判进程包括哪几个阶段?

1992年在巴西里约热内卢达成《联合国气候变化框架公约》（以下简称《公约》）以来，国际社会围绕细化和执行该公约开展了持续谈判，大体可以分为1995—2005年、2007—2010年、2011—2015年、2015年以后几个阶段，签署了《京都议定书》《坎昆协议》《巴黎协定》等。

1995—2005年，是《京都议定书》谈判、签署、生效阶段。《京都议定书》是《公约》通过后的第一个阶段性执行协议。由于《公约》只是约定了全球合作行动的总体目标和原则，并未设定全球和各国不同阶段的具体行动目标，因此1995年缔约方大会授权开展《京都议定书》谈判，明确阶段性的全球减排目标以及各国承担的任务和国际合作模式。《京都议定书》作为《公约》第一个执行协议从谈判到生效时间较长，历经美国签约、退约，俄罗斯等国在排放配额上高要价等波折，最终于2005年正式生效，首次明确了2008—2012年《公约》下各方承担的阶段性减排任务和目标。《京都议定书》将附件I国家区分为发达国家和经济转轨国家，由此产生发达国家、发展中国家和经济转轨国家三大阵营。

2007—2010年，谈判确立了2013—2020年国际气候制度。2007年印度尼西亚巴厘气候大会上通过了《巴厘路线图》，开启了后《京都议定书》国际气候制度谈判进程，覆盖执行期为2013—2020年。根据《巴厘路线图》授权，缔约方大会应在2009年结束谈判，但当年大会未能全体通过《哥本哈根协议》，而是在次年即2010年坎昆大会上，将《哥本哈根协议》主要共识写入2010年大会通过的《坎昆协议》中。其后两年，通过缔约方大会“决定”的形式，逐步明确各方减排责任和行动目标，从而确立了2012年后国际气候制度。《哥本哈根协议》《坎昆协议》等不再区分附件I和非附件I国家，并且由于欧盟的东扩，经济转轨国家的界定也基本取消。

2011—2015年，谈判达成《巴黎协定》，基本确立2020年后国际气候制度。2011年南非德班缔约方大会授权开启“2020年后国际气候制度”的“德班平台”谈判进程。根据奥巴马政府在《哥本哈根协议》谈判中确立的“自下而上”的行动逻辑，2015年《巴黎协定》不再强调区分南北国家，法律表述为一致的“国家自主决定的贡献”，仅能通过贡献值差异看出国家间自我定位差异，形成所有国家共同行动的全球气候治理范式。

2016年至今，主要就细化和落实《巴黎协定》的具体规则开展谈判。其间，国际气候治理进程再次经历美国、巴西等政府换届产生的负面影响，艰难前行。2018年波兰卡托维兹缔约方大会就《巴黎协定》关于自主贡献、减缓、适应、资金、技术、能力建设、透明度、全球盘点等内容涉及的机制、规则达成基本共识，并对落实《巴黎协定》、加强全球应对气候变化的行动力度做出进一步安排。

44. 国际气候谈判的基本格局和主要利益集团是怎样的?

国际气候谈判的基本格局，已从20世纪80年代的南北两大阵营演化为当前的“南北交织、南中泛北、北内分化、南北连绵波谱化”的局面。所谓“南北交织”，指南北阵营成员在地缘政治、经济关系和气候治理上存在利益重叠交叉。所谓“南中泛北”，主要指一些南方国家成为发达国家俱乐部成员，一些南方国家与北方国家表现出共同或相近的利益诉求，另有一些南方国家成长为有别于纯南方国家的新兴经济体，仍然属于南方阵营，但有别于欠发达国家。所谓的“北内分化”，是指北方国家内部出现不同的有着各自利益诉求的集团，最典型的是伞形集团和欧盟，而且这些集团内部也有分化。例如，加入欧盟的原经济转轨国家，波兰和罗马尼亚等，与原欧盟15国在气候政策的立场上有较大的分歧。更重要的是，北方国家对全球经济的控制力相对下降，新兴经济体的地位得到较大幅度提升，欠发达国家的地位相对持恒。在连续的波谱化趋势中，仍有一些具有典型代表性的国家和地区，概括起来可将其表述为：两大阵营、三大板块、五类经济体。即南北两大阵营依稀存在，发达国家、新兴国家和欠发达国家三大板块大体可辨，五大类别国家包括人口增长较快的发达经济体、人口趋稳或下降的发达经济体、人口趋稳的新兴经济体、人口快速增长的新兴经济体、以低收入为特征的欠发达经济体。这些国家将来可能不断分化重组，但这样的总体格局将在一个相当长的时期内存在。

国际气候谈判的主要利益集团有欧盟、伞形国家集团、小岛国集团、新兴经济体发展中国家等。欧盟作为一个整体，一直积极参与气候谈判并采取气候行动。伞形国家集团的主要参与方为美国和俄罗斯，美国的气候行动与政策易受国家执政党影响，国家层面的政策存在波动和不连续性，地方政府、城市和企业一直积极采取气候行动；俄罗斯认为气候变暖可能有利于其经济发展，对于全球气候治理的态度不是很积极。小岛国集团易受全球气候变暖导致海平面上升所带来的生存危险，特别关注气候变化，希望获得资金支持。新兴经济体发展中国家是在《巴黎协定》谈判进程中形成的“立场相近的发展中国家集团”，这些国家处于经济社会快速发展期，对碳排放具有刚性需求，同时也希望通过国际资金和技术合作，实现低碳转型发展。

45.政府间气候变化专门委员会（IPCC）为推动国际气候进程发挥了什么作用?

为了应对气候变化带来的挑战，世界气象组织（WMO）和联合国环境规划署（UNEP）于1988年联合成立了政府间气候变化专门委员会（IPCC），旨在向世界提供一个清晰的有关对当前气候变化及其潜在环境和社会经济影响认知状况的科学观点。该机构通过发布一系列报告，在气候治理的关键节点上，从科学基础上支撑了国际气候治理的进程。

IPCC第一次评估报告系统评估了气候变化学科的最新进展，从科学上为全球开展气候治理奠定了基础，从而推动1992年联合国环境与发展大会通过了旨在控制温室气体排放、应对全球气候变暖的第一份框架性国际文件《联合国气候变化框架公约》。

1995年发布的IPCC第二次评估报告为1997年《京都议定书》的达成铺平了道路。

IPCC第三次评估报告开始分区域评估气候变化影响，适应议题被提高到了和减缓并重的位置。

2007年发布的IPCC第四次评估报告将温升和温室气体排放相结合，综合评估了不同浓度温室气体下未来全球气候变化趋势，为2℃目标奠定了科学基础，尽管2009年达成的《哥本哈根协议》不具备法律效力，但2℃温升目标被国际社会普遍接受。

IPCC第五次评估报告进一步明确了全球气候变暖的事实以及人类活动对气候系统的显著影响，为2015年顺利达成《巴黎协定》奠定了科学基础。从具体内容来看，IPCC通过历次评估报告对不同科学问题的认知不断强化，为国际气候治理奠定科学基础。

46.《巴黎协定》的主要内容是什么？有什么重要意义？

2015年12月在巴黎举行的《联合国气候变化框架公约》第21届缔约方会议通过了《巴黎协定》，旨在控制主要由人为活动产生的碳排放而导致的气温升高。《巴黎协定》于2016年4月22日世界地球日在纽约联合国总部开放签署，并于2016年11月4日生效，根据UN-FCCC官网统计，截至2020年底共有190个缔约方签署了协定。《巴黎协定》是继1992年《联合国气候变化框架公约》和1997年《京都议定书》之后，人类历史上应对气候变化的第三个里程碑式的国际法律文书，为2020年后全球应对气候变化行动做出了安排。

《巴黎协定》是在变化的国际政治经济格局下，为实现气候公约目标而缔结的针对2020年后国际气候制度的法律文件，共29条，包括目标、减缓、适应、损失损害、资金、技术、能力建设、透明度、全球盘点等内容。协定的核心目标是通过加强对气候变化威胁的全球应对，21世纪末将全球平均气温升幅控制在工业化前水平以上低于2℃之内，并努力将气温升幅限制在工业化前水平以上1.5℃之内。其确立的制度框架主要包括以下几点。

首先，继续明确了发达国家在国际气候治理中的主要责任，保持了发达国家和发展中国家责任和义务的区分，发展中国家行动力度和广度显著上升。《巴黎协定》承认了南北国家、国家与国家间的差距，体现了缔约方责任、义务的区分，基本否定了发达国家希望推动责任趋同的计划。在案文的不同段落中重申和强调了“共同但有区别的责任”原则，为发展中国家公平、积极参与国际气候治理奠定了基础。同时，也拓展了发展中国家开展行动的力度和广度。

其次，采用自下而上的承诺模式，确保最大范围的参与度。《巴黎协定》秉承《哥本哈根协议》达成的共识，由缔约方根据自身经济社会发展情况，自主提出减排等贡献目标。正是因为各国可以基于自身条件和行动意愿提出贡献目标，很多之前没有提出国家自主贡献目标的缔约方也受到鼓励，提出国家自主贡献，保证了《巴黎协定》广泛的参与度，同时也因为是各方自主提出的贡献目标，更有利于确保贡献目标的实现。

第三，构建了义务和自愿相结合的出资模式，有利于拓展资金渠道并孕育更加多元化的资金治理机制。《巴黎协定》继续明确了发达国家的供资责任和义务，照顾了发展中国家关于有区别的资金义务的谈判诉求，既尊重事实，体现了南北国家的区别，也赢得各国，尤其是发展中国家，对于参与国际资金合作的信心。同时，《巴黎协定》还鼓励所有缔约方向发展中国家应对气候变化提供自愿性的资金支持。这些举措将有助于巩固既有资金渠道，并在互信的基础上拓展更加多元化的资金治理模式。

第四，确立了符合国际政治现实的法律形式，既体现约束也兼顾了灵活。《巴黎协定》虽然没有采用“议定书”的称谓，但从其内容、结构到批约程序等安排都完全符合一份具有法律约束力的国际条约的要求，当批约国家达到一定条件后，《巴黎协定》生效并成为国际法，约束和规范2020年后全球气候治理行动。《巴黎协定》没有采用“议定书”的称谓，一方面因为各国的贡献目标没有包括在其正文中，而是放在《巴黎协定》外的“计划表”中，这会导致其功能和作用与议定书有一定差异；另一方面，“协定”的称谓相比“议定书”也会相对简化各国的批约程序，更有助于缔约方快速批约。

最后，建立全球盘点机制，动态更新和提高减排努力。为确保其高效实施，促进各国自主减排贡献，实现全球长期减排目标，《巴黎协定》建立了每5年一次的全球盘点机制，盘点不仅是对各国贡献目标实现情况的督促和评估，也将可能被用于比较国际社会减排努力和IPCC提出的实现2℃乃至1.5℃温升目标间的差距，并根据差距敦促各国提高自主减排目标的力度或者提出新的自主减排目标。盘点的机制相对以往达成的气候协议是一种创新，既可以促进、鼓励行动力度大的国家不断发挥潜能升级行动；也可以给目前贡献目标相对保守的国家保留更新目标和加大行动力度的机会，从而促进形成动态更新的、更加积极的全球协同减排和治理模式。

47. 什么是国家自主贡献（NDCs）？

国家自主贡献（Nationally Determined Contributions，NDCs）是指批准《巴黎协定》的国家为实现协定提出的全球行动目标，根据自身情况确定的参与国际合作应对气候变化行动目标，包括温室气体控制目标、适应目标、资金和技术支持等。新的或更新的国家自主贡献于2020年提交，此后每5年提交一次。受新冠肺炎疫情影响，多数国家延迟提交。国家自主贡献代表了一个国家的减排意愿和目标。

2015年左右，共有193个缔约方提交了预期的国家自主贡献（INDCs），大部分国家在批准《巴黎协定》后，其INDCs已自动转为NDCs。部分国家在无条件的NDC之外还提出了有条件的NDC目标，只有得到资金和技术援助，才能实现更高的减排目标。我国根据自身国情、发展阶段、可持续发展战略和国际责任，于2015年6月30日向联合国提交了《强化应对气候变化行动——中国国家自主贡献》，而且中国自主减排目标不附件任何条件，包括：二氧化碳排放2030年左右达到峰值并争取尽早达峰；单位国内生产总值二氧化碳排放比2005年下降60%~65%，非化石能源占一次能源消费比重达到20%左右，森林蓄积量比2005年增加45亿立方米左右。为实现到2030年的应对气候变化自主行动目标，我国还明确提出了体制机制、生产方式、消费模式、经济政策、科技创新、国际合作等方面的强化政策和措施。

截至2021年2月20日，有8个国家提交了第二轮更新NDCs。2020年12月，欧盟通过了2030年相比1990年减排55%的新目标。英国脱欧后拟独立提出到2030年相对1990年减排68%的新目标。在2020年12月举行的气候雄心峰会上，中国国家主席习近平宣布中国国家自主贡献一系列新举措，包括：到2030年，单位国内生产总值二氧化碳排放将比2005年下降65%以上，非化石能源占一次能源消费比重将达到25%左右，森林蓄积量将比2005年增加60亿立方米，风电、太阳能发电总装机容量将达到12亿千瓦以上。

48. 各国提出的国家自主贡献目标距离2℃或1.5℃温升目标的排放差距有多大?

根据联合国环境规划署最新发布的《排放差距报告2020》显示，

各国根据《巴黎协定》承诺的国家自主贡献（NDCs）仍然严重不足。尽管新冠肺炎大流行导致二氧化碳排放量出现短暂下降，但世界仍在朝着截至21世纪末升温超过3℃的趋势发展，远远超出了《巴黎协定》中将全球升温幅度控制在2℃以内，并努力实现1.5℃目标的水平。

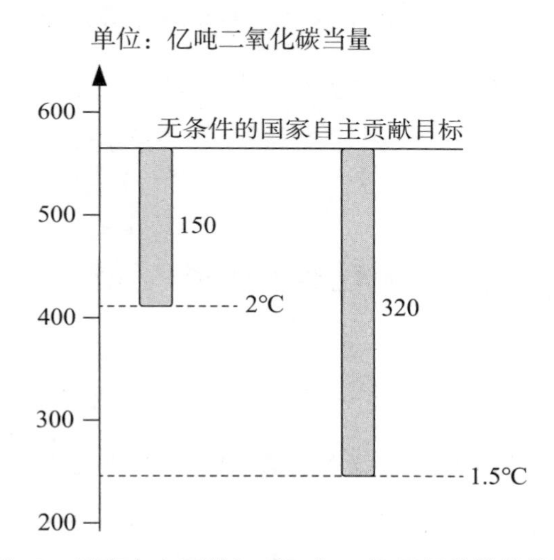

图17　国家自主贡献与2℃或1.5℃目标的排放差距

《排放差距报告2020》指出即便所有无条件的国家自主贡献都得到充分实施，到2030年，全球温室气体排放量将达到560亿吨二氧化碳当量，据此排放量进行预测，21世纪末世界仍然朝着升温3.2℃的趋势发展。要实现升温幅度控制在2℃的目标，需要将2030年排放总量控制在410亿吨以内，据此估算将有150亿吨二氧化碳当量的排放缺口。要实现升温幅度控制在1.5℃的目标，需控制在250亿吨以内，排放差距将高达320亿吨二氧化碳当量。要想实现2℃温控目标，各国的整体减排力度须在现有的《巴黎协定》承诺基础上提升大约三倍，而要遵循1.5℃减排路径，则须将努力提升至少五倍。

疫情后的绿色复苏有望推动全球在原本预测的2030年温室气体排放量基础上（通过各国实施无条件的国家自主贡献承诺达成）进一步减排约25%，这一减排效果甚至远高于各国充分落实无条件的国家自主贡献所能达到的结果，大幅提升了世界实现2℃温控目标的可能性。

49. 国际上哪些国家已经实现碳达峰?

碳达峰是指一个国家某一年的碳排放总量达到历史最高值，并且在这一最高值出现后，碳排放量呈稳定下降的趋势。是否达峰，当年难以判断，必须事后确认。一般来说，实现碳排放峰值年后至少5年没有出现相比峰值年的增长，才能确认为达峰年。碳达峰的“碳”也有不同解释，有的仅指化石燃料燃烧产生的二氧化碳，如我国在《巴黎协定》下提出的碳排放达峰目标，有的则是指将多种温室气体折算为二氧化碳当量的碳排放。讨论碳达峰的意义，主要是为了判断一个国家未来碳排放的趋势，以及探寻经济社会低排放发展的实现路径。但前提是，碳达峰的国家已经经历经济增长过程并实现较高水平的财富积累和社会福利。低发展水平和低收入水平的国家即便名义上碳达峰也意义不大，一来这些国家人均排放量本来就很低，从排放公平的角度看，应该有权增加排放；二来这些国家未来发展具有较大不确定性，目前观察到的峰值，随着经济社会发展很可能只是一个阶段性的峰值。根据1750—2019年全球各国和地区二氧化碳排放数据，对高于世界银行高收入国家标准的国家和地区二氧化碳排放趋势进行分析发现，截至2019年，全球共有46个国家和地区实现碳达峰，主要为发达国家，也有少量发展中国家和地区。

表4 截至2019年底碳达峰国家和地区的达峰时间与峰值

达峰时间	国家/地区	峰值（万吨）	达峰时间	国家/地区	峰值（万吨）
1969	安提瓜和巴布达	126	2003	芬兰	7266
1970	瑞典	9229	2004	塞舌尔	74
1971	英国	66039	2005	西班牙	36949
1973	文莱	997	2005	意大利	50001
1973	瑞士	4620	2005	美国	613055
1974	卢森堡	1443	2005	奥地利	7919
1977	巴哈马	971	2005	爱尔兰	4816
1978	捷克	18749	2007	希腊	11459
1979	比利时	13979	2007	挪威	4623
1979	法国	53028	2007	加拿大	59422
1979	德国	111788	2007	克罗地亚	2484
1979	荷兰	18701	2007	中国台湾	27373
1984	匈牙利	9069	2008	巴巴多斯	161

续表

达峰时间	国家/地区	峰值（万吨）	达峰时间	国家/地区	峰值（万吨）
1987	波兰	46373	2008	塞浦路斯	871
1989	罗马尼亚	21360	2008	新西兰	3759
1989	百慕大三角	78	2008	冰岛	382
1990	爱沙尼亚	3691	2008	斯洛文尼亚	1822
1990	拉脱维亚	1950	2009	新加坡	9010
1990	斯洛伐克	6163	2010	特立尼达和多巴哥	4696
1991	立陶宛	3785	2012	以色列	7478
1996	丹麦	7483	2012	乌拉圭	859
2002	葡萄牙	6956	2013	日本	131507
2003	马耳他	298	2014	中国香港	4549

注：峰值选用达峰当年二氧化碳排放量（不含土地利用变化）。

数据来源：Our World in Data网站公开统计数据https://ourworldindata.org/grapher/annual-co2-emissions-per-country?tab=chart

世界银行对高收入国家的最新衡量标准参见https://datahelpdesk.worldbank.org/knowledgebase/articles/906519-world-bank-country-and-lending-groups

50.国际上有多少国家提出了碳中和承诺?

在UNFCCC和UNDP的支持下，由智利、英国发起成立的“气候雄心联盟（Climate Ambition Alliance）号召各国承诺在2050年实现碳中和。根据英国非盈利机构“能源与气候智能小组”（The Energy and Climate Intelligence Unit）的统计，目前国际上已有126个国家和欧盟以立法、法律提案、政策文件等不同形式提出或承诺提出碳中和目标，其中苏里南、不丹两个国家由于低工业碳排放与高森林覆盖率已经实现了碳中和目标。全球范围有越来越多的国家将碳中和作为重要的战略目标，采取积极措施应对气候变化。

表5 世界主要国家（包括欧盟）提出的碳中和目标

国家/缔约方	承诺性质	承诺碳中和时间
苏里南	—	已实现
不丹	—	已实现
丹麦	完成立法	2050
法国		2050
匈牙利		2050
新西兰		2050
瑞典		2045
英国		2050
加拿大	法律提案	2050
智利		2050
欧盟		2050
西班牙		2050
韩国		2050
斐济		2050

续表

芬兰	政策文件	2035
奥地利		2040
冰岛		2040
日本		2050
德国		2050
瑞士		2050
挪威		2050
爱尔兰		2050
南非		2050
葡萄牙		2050
哥斯达黎加		2050
斯洛文尼亚		2050
马绍尔群岛		2050
美国		2050（拜登竞选承诺）
中国		2060
新加坡		21世纪下半叶
其他数十个国家	政策讨论中	2050

资料来源：Energy & Climate Intelligence Unit，网站https://eciu.net/netzerotracker Climate Ambition Alliance: Net Zero 2050，https://climateaction.unfccc.int/

51.欧盟绿色新政有哪些主要内容？英国在绿色新政上有什么举措？

2019年12月，欧盟新一届执委会主席冯德莱恩上任伊始，即推出《欧洲绿色协议》(European Green Deal)，也称“欧洲绿色新政”。绿色新政作为欧盟长期发展战略，旨在将欧盟转变为一个公平、繁荣的社会，以及富有竞争力的资源节约型现代化经济体，提出了到2050年欧盟实现温室气体净零排放并且实现经济增长与资源消耗脱钩的宏伟目标。

为了实现2050年碳中和目标，欧盟提出能源、工业、交通、建筑、生物多样性等七项重点任务，包括：构建清洁、经济、安全的能源供应体系；推动工业企业清洁化、循环化改造；形成资源能源高效利用的建筑改造方式；加快建立可持续的智慧出行体系；建立公平、健康、环境友好的食物供应体系；保护并修复生态系统和生物多样性；实施无毒环境的零污染发展战略，包括实施空气、水和土壤零污染行动，开展可持续化学品管理等。

欧盟还明确了推进绿色投融资、绿色财政、促进绿色技术和人才等一系列政策，如加大公共资金绿色投资力度，畅通私营部门绿色融资渠道，倡导公正转型等。运用绿色预算工具，提升绿色项目在公共投资中的优先序，加快能源税等税收改革，促进绿色技术研发，加快数字基础设施建设等。

欧盟绿色新政还致力于扮演全球气候政治领导者角色，实施强有力的绿色外交，推动全球完善应对气候变化的政策工具，包括建立全球碳市场、推广欧盟绿色标准，健全全球可持续融资平台。值得特别注意的是，欧盟强调提高应对气候变化在贸易政策中的地位，其中提到制定特定行业的碳边界调节机制，提高食品、化学品、材料等进口产品准入标准等，引起国际社会的高度关注。

2020年3月，欧盟向联合国气候变化框架公约秘书处正式提交“长期温室气体低排放发展战略”。新冠肺炎疫情暴发后，欧盟重申坚持实施绿色新政，并以此促进绿色复苏。2020年9月17日，欧盟委员会发布《2030年气候目标计划》（2030 Climate Target Plan），提出到2030年，温室气体排放量要比1990年减少至少55%，较之前40%的减排目标大幅提高。尽管欧盟内部各国发展水平和具体国情不同，对于减排目标有各自诉求，如以波兰为首的严重依赖化石燃料的东欧国家呼吁欧盟不要“一刀切”地制定气候政策，并要求资金援助。2020年12月11日，欧盟领导人经过艰苦努力，终于达成协议，包括波兰在内的每个成员国都同意将欧盟2030年的减排目标从目前的40%提高到55%。同时，欧盟在气候法方面也取得重要进展，使得2050年实现温室气体净零排放的目标对欧盟机构和欧盟成员国都具有法律约束力。

英国是世界上首个在法律上承诺到2050年实现净零排放的主要经济体，虽然脱离欧盟，但其在兼顾减排和促进经济增长方面，有较丰富的理论和实践经验。2020年6月，鲍里斯·约翰逊首相宣布了以“建设、建设、再建设（Build，Build，Build）”为主题的刺激经济“新政”。11月，宣布了资金规模达120亿英镑的英国绿色工业革命（Green Industrial Revolution）“十项计划”，其中包括总投资规模达10亿英镑的碳捕集与封存技术（CCS），并承诺英国将站在碳捕集、利用和封存技术（CCUS）的全球前沿，计划在2030年之前，建立四个CCS中心和集群，支持五万个就业机会。

52. 美国拜登政府的气候政策走向如何？

拜登早在竞选时就在气候变化问题上与特朗普针锋相对，提出“清洁能源革命和环境正义计划”的竞选纲领，支持气候危机特别委员会发布《解决气候危机：建设清洁、健康、韧性和公正的美国经济》。2021年1月20日，拜登宣誓就任美国第46届总统。2021年1月27日，拜登签署了新的应对气候变化行政令，并表示美国已经等得太久，现在是时候采取行动处理气候危机了。

拜登政府气候政策走向包括几方面：一是协调对内对外的气候行动。拜登任命联邦环保局（EPA）前局长麦卡锡为国家气候政策协调员，成立了白宫内部的气候政策办公室。任命美国前国务卿克里为气候变化特别总统特使，负责美国对外气候政策，确保气候政策协调并纳入美国内外政策的各个方面。二是抛弃特朗普的孤立主义，重塑美国在国际气候治理体系中的领导力。拜登上任第一天就签署一系列行政命令，宣布重新加入《巴黎协定》。2021年2月19日，美国已经正式重新加入《巴黎协定》。拜登也宣布将于4月22日（世界地球日）主持在线气候领导人峰会，这标志着美国政府将重新参与国际气候治理。三是大力发展清洁能源，减排甲烷。承诺到2035年实现100%的清洁电力，到2035年使用100%的清洁能源汽车，2040年或之前实现卡车和公共汽车净零排放，冻结美国联邦土地上的石油和天然气租赁，削减油气开采活动中的甲烷排放，作为美国当下能够立刻采取的应对气候危机的最有效和最重要的手段。四是承诺在2030年前保护美国30%的土地和水域，增强生物多样性和自然的适应力，并为人类共同福祉做出贡献，同时将任何可能的经济副作用降至最低。五是重视将科学作为政府应对气候变化工作的支撑。例如，碳的社会成本揭示了把碳排放到大气中后到底政府要花多少钱才能处理其后果，也就是告诉决策者减少碳排放到大气中可以节省多少钱。奥巴马政府估值为50美元/吨，特朗普政府估值为1美元/吨，拜登上任当天签署的行政令中有一项是指示联邦机构重新评估碳的社会成本，要求30天内给出中期结果，一年内给出最终数据。此外，拜登还强调环境正义，将建立白宫环境司法机构间委员会和咨询委员会，解决当前和历史上的环境不公正现象，承诺将联邦政府相关投资总收益的40%用于弱势群体。将建立由国家气候顾问和国家经济委员会主任共同领导的燃煤和发电厂机构间工作组，指导化石能源行业向清洁经济转型过程中的公正转型问题，从源头减少污染，提升就业率，恢复经济活力。

53. 中国在全球气候治理中做出了哪些贡献？

作为目前最大的发展中国家和碳排放国家，中国采取切实行动应对气候变化，积极、建设性参与全球气候治理，提出中国方案，贡献中国智慧，展现了负责任、有担当的大国风范。

积极参与全球气候治理谈判。中国积极参与了与气候问题相关的国际治理进程，不仅在《联合国气候变化框架公约》的谈判中体现建设性姿态，也积极派员参与公约外的各项国际进程，如千年发展目标论坛、经济大国能源与气候论坛、国际民用航空组织、国际海事组织以及联合国秘书长气候变化融资高级咨询组等合作机制。

积极开展国际气候合作。中国充分发挥大国影响力，加强与各方沟通协调，推动全球气候治理的发展。一方面，中国与其他国家保持密切沟通，寻求共识。中国先后同美国、英国、印度、巴西、欧盟、法国等发表气候变化联合声明，就加强气候变化合作、推进多边进程达成一系列共识，并且通过“基础四国”“立场相近发展中国家”“77国集团+中国”等谈判集团，在发展中国家发挥建设性引领作用，维护发展中国家的团结和共同利益。另一方面，中国积极帮助其他受气候变化影响较大、应对能力较弱的发展中国家。多年来，中国通过开展气候变化相关合作为非洲国家、小岛屿国家和最不发达国家提高应对气候变化能力提供了积极支持，主要包括中国气候变化南南合作基金、气候变化南南合作“十百千”项目、“一带一路”倡议等。

切实采取国内气候行动，为全球应对气候变化做出表率。中国在开展国内气候行动、实现低碳发展方面开展了积极行动，并取得了显著成就。第一，树立生态文明理念，把生态文明建设放在突出地位，融入经济建设、政治建设、文化建设、社会建设各方面和全过程；第二，优化产业结构，第三产业已超过第二产业成为主导产业，2019年三次产业构成为7.1：38.6：54.3；第三，调整能源结构，2019年煤炭消费在能源消费总量中占比下降至57.7%，非化石能源占比提高至15.3%；第四，节约能源、提高能效，2019年单位国内生产总值能源消耗量为0.49吨标煤/万元；第五，大力开展植树造林，加强生态建设和保护。另外，中国提出更高标准的中长期减排目标，如力争2030年前二氧化碳排放达到峰值；到2030年，单位国内生产总值二氧化碳排放将比2005年下降65%以上，非化石能源占一次能源消费比重将达到25%左右，森林蓄积量将比2005年增加60亿立方米，风电、太阳能发电总装机容量将达到12亿千瓦以上；努力争取

2060年前实现碳中和等。

54. 国际合作对全球应对气候变化有什么重要意义？

应对气候变化是一个全球性公共问题。地球大气资源具有公共物品属性，气候变化影响和治理均是全球性的，依靠单一国家的努力难以有效应对气候变化。

国际合作为全球应对气候变化规划目标和路径。一方面，国际合作可以推动气候认知和科技创新，通过交流合作，提升国际社会对气候问题的认识并确立行动目标，促进气候友好技术的开发和普及应用；另一方面，通过国际合作引导投资、市场及经济发展方向，借助资金支持模式、国际贸易规则等手段，促进建立气候与环境友好型市场体系，引导建立低碳经济。

《联合国气候变化框架公约》等国际合作机制为国家间开展气候治理提供合作平台。通过在联合国平台下开展气候行动目标谈判，以及G20、APEC等相关国际机制下开展气候对话，促进各国进一步凝聚共识，提升气候行动成效。各国发展阶段不同，应对气候变化的能力存在差异，国际合作可以帮助和推动更多国家实现低碳转型发展，同时，保障全球气候安全。

第三节　碳达峰、碳中和目标下的转型发展路径

55. 我国“十一五”以来制定了哪些应对气候变化的目标？实施效果如何？

长期以来，我国高度重视气候变化问题，把积极应对气候变化作为国家经济社会发展的重大战略，“十一五”以来，每个五年规划都制定应对气候变化的目标，并由国务院制定和实施节能减排综合工作方案。

“十一五”规划（2006-2010）能源强度目标：“十一五”规划中第一次提出了节能减排的概念，并设定了单位国内生产总值能源消耗比“十五”期末降低20%左右，森林覆盖率达到20%等约束性指标。“十一五”期间，全国单位GDP能耗下降19.1%，基本完成了“十一五”规划纲要确定的目标任务。根据2009年11月发布的第七次全国森林资源清查结果，全国森林面积达1.95亿公顷，森林蓄积量137.21亿立方米，森林覆盖率从18.21%上升到20.36%，提前两年完成了森林覆盖率20%的目标。

“十二五”规划（2011-2015）二氧化碳强度目标：“十二五”规划设定了提高低碳能源使用和降低化石能源消耗的目标：非化石

能源占一次能源消费比重达到11.4%。单位国内生产总值能源消耗降低16%，单位国内生产总值二氧化碳排放降低17%。森林覆盖率从20.36%提高到21.66%，森林蓄积量从137亿立方米增加到143亿立方米。"十二五"期间，中国实际碳强度累计下降20%左右，2015年非化石能源占一次能源消费比重达到12%，森林覆盖率达到21.66%，森林蓄积量增加到151.37亿立方米，均超额完成"十二五"规划目标。此外，可再生能源装机容量已占全球的四分之一，新增可再生能源装机容量占全球的三分之一，为全球应对气候变化做出了积极贡献。

"十三五"规划（2016-2020）能耗总量和能源强度双控目标："十三五"规划设定应对气候变化的约束性目标包括：非化石能源占一次能源消费比重达到15%。单位国内生产总值能源消耗降低15%，单位国内生产总值二氧化碳排放降低18%。森林覆盖率提高到23.04%，森林蓄积量增加14亿立方米。《十三五节能减排综合工作方案》提出"双控目标"，到2020年，单位国内生产总值能耗比2015年下降15%，能源消费总量控制在50亿吨标准煤以内。根据统计局能源统计司公布数据，2020年能源消费总量数据约为49.7亿吨标准煤，实现了"十三五"规划纲要制定的"能源消费总量控制在50亿吨标准煤以内"的目标，完成了能耗总量控制任务。但能耗强度累计下降幅度约在13.79%左右，未完成"十三五"规划纲要制定的"单位国内生产总值能耗比2015年下降15%"的任务。单位国内生产总值二氧化碳排放降低约22%，超过“十三五”规划制定的18%的目标。到“十三五”末，森林覆盖率提高到23.04%，森林蓄积量超过175亿立方米，连续30年保持“双增长”，成为森林资源增长最多的国家。

“十四五”规划（2021-2025）面向碳达峰、碳中和的新目标：“十四五”规划对于实现碳达峰、碳中和目标非常关键，2021年3月5日李克强总理做的《政府工作报告》提出，落实2030年应对气候变化国家自主贡献目标。加快发展方式绿色转型，协同推进经济高质量发展和生态环境高水平保护，单位国内生产总值能耗和二氧化碳排放分别降低13.5%、18%。森林覆盖率达到24.1%。2021年是“十四五”计划的开局之年，单位国内生产总值能耗要下降3%左右，将制定国家及省级碳达峰行动方案，进一步明确达峰路径和相关政策，确保2030年前碳达峰，为2060年前实现碳中和目标打好基础。

综合来看，我国应对气候变化目标总体上体现了从相对目标（能源和碳强度目标），通过能源强度和总量双控目标过渡，最终转向绝对目标（碳达峰、碳中和目标），管控模式不断升级，管控范围从化石能源消费转向非化石能源发展、森林碳汇、行业及区域适应气候变化等全方位发展布局。应对气候变化工作已在国家和地方层面扎实推进，并取得显著成效。

56．“十四五”期间我国有可能提前碳达峰吗？

一直以来，我国坚定不移实施积极应对气候变化国家战略，参与和引领全球气候治理，有力促进了生态文明建设和生态环境保护。“十三五”期间，我国积极实施应对气候变化国家战略，采取调整产业结构、优化能源结构、节能提高能效、推进碳市场建设、增加森林碳汇等一系列措施，应对气候变化工作取得显著成效，单位国内生产总值二氧化碳排放持续下降，基本扭转了二氧化碳排放总量快速增长的局面，为我国实现碳排放总量提前达峰奠定了坚实的基础。

截至2019年底，碳排放强度比2015年下降18.2%，比2005年降低48.1%，非化石能源占能源消费比重达到15.3%，均已提前完成我国向国际社会承诺的2020年目标。此外，我国规模以上企业单位工业增加值能耗2019年比2015年累计下降超过15%，相当于节能4.8亿吨标准煤。绿色建筑占城镇新建民用建筑比例达到60%，新能源汽车销量占全球新能源汽车的55%，是全球新能源汽车保有量最多的国家。此外，我国在可再生能源开发利用上逐渐形成优势。截至2019年底，我国可再生能源发电总装机容量为7.9亿千瓦，约占全球可再生能源发电总装机的30%，其中水电、风电、光伏发电、生物质发电均居世界首位。我国风电、光伏发电设备制造形成了完整的产业链，技术水平和制造规模处于世界前列。风电整机制造占全球总产量的41%。

习近平主席在第七十五届联合国大会一般性辩论上宣布我国力争于2030年前二氧化碳排放达到峰值的目标与努力争取于2060年前实现碳中和的愿景。2020年中央经济工作会议将做好碳达峰、碳中和工作列为2021年八项重点任务之一。生态环境部发布的《关于统筹和加强应对气候变化与生态环境保护相关工作的指导意见》（以下简称《意见》）为实现碳达峰目标与碳中和愿景提供了支撑。《意见》指出生态环境部将抓紧制定2030年前二氧化碳排放达峰行动方案，并将综合运用相关政策工具和手段措施，持续推动实施。在碳达峰、碳中和目标指引下，全国各行业都进一步加大了节能减排力度，上海、海南、江苏、广东等多地提出将率先实现碳排放达峰的目标，国家电力投资集团、国家能源投资集团、大唐集团等多家企业明确表示将提前实现碳达峰，推动实现碳达峰的形势已经基本形成。

总的来看，能源转型是实现二氧化碳排放总量达峰的基础。目前，我国化石能源消耗的年增长率在2%左右，而水电、核电、风电生产总量增幅在10%左右，化石能源消耗的增量完全可以由低碳能源，包括可再生能源、核能、天然气（相对低碳的化石能源）等能源的增长来满足。我国提出2030年前实现碳达峰目标，“十四五”期间，我们若能进一步加快调整优化产业结构、能源结构，推动煤炭消费尽早达峰，同时大力发展新能源，提前实现能源结构、产业结构、消费行为和消费内容转型，将有可能推动实现提前达到排放峰值目标。

57. 我国实现碳中和目标面临哪些严峻的挑战？

尽管通过强化政策引导，我国有可能在“十四五”期间提前实现碳达峰，为碳中和目标打好基础，但我国作为世界最大的发展中国家，在2060年前实现碳中和目标依然面临非常严峻的挑战，时间紧、任务重，需要付出更加艰苦卓绝的努力。

第一，从排放总量看，我国碳排放总量巨大，约占全球的28%，是美国的2倍多，欧盟的3倍多，实现碳中和所需的碳减排量远高于其他经济体。第二，从发展阶段看，欧美各国经济发展成熟，已实现经济发展与碳排放的绝对脱钩，碳排放进入稳定下降通道。而我国GDP总量虽跃居全球第二位，但人均GDP刚突破1万美元，发展不平衡、不充分的问题仍然比较突出，发展的能源需求不断增加，碳排放尚未达峰。要统筹协调社会经济发展、经济结构转型、能源低碳转型以及碳达峰、碳中和目标，难度很大。第三，从碳排放发展趋势看，英、法、德等欧洲发达国家早在1990年开启国际气候谈判之前就实现了碳达峰，美国、加拿大、西班牙、意大利等国在2007年左右实现碳达峰，这些国家从碳达峰到2050年实现碳中和的窗口期短则40余年，长则60~70年，甚至更长。而我国从2030年前碳排放达峰到2060年前实现碳中和的时间跨度仅有30年左右，显著短于欧美等国。我国为实现碳中和目标所要付出的努力和速率要远远大于欧美国家。第四，从重点行业和领域看，我国能源结构以煤炭为主，2019年煤炭消费占能源消费总量比重为57.7%，非化石能源占15.3%，规模以上发电厂发电量中火电占比72%。能源系统要在短短30年内快速淘汰占85%的化石能源实现零碳排放，这不是简单的节能减排可以实现的转型，而是一场真正的能源革命。当前，以清洁低碳为特征的新一轮能源变革蓬勃兴起，新型的清洁能源取代传统能源是大势所趋。实现碳达峰、碳中和目标，需要能源系统率先碳达峰、碳中和。我国2030年前碳达峰，2060年前碳中和的目标，需要能源系统在近期就出现明显的转型，到2050年左右实现净零排放，之后开始进入负排放。

根据国家发展改革委能源研究所相关专家测算，未来我国能源消费总量仍将会保持一定程度的持续增长，到2050年会达到65亿吨标准煤左右（发电煤耗方法）。从能源结构来看，到2050年非化石能源在能源消费总量中占比达到一次能源的近80%，煤炭、石油、天然气占比分别下降到约9%、2%、9%。同时对一些化石燃料发电、供热，以及一些大型锅炉采用碳捕集与封存技术（CCS），利用生物质能发电耦和CCS技术（BECCS），可以实现能源活动CO_2排放到2050年净零，电力系统排放实现负排放。

在电力系统实现负排放的情况下，终端消费部门高度电气化是实现碳中和目标下减排途径的一个重要措施。由于电力CO_2排放系数迅速下降，直至2050年实现负排放，因此终端消费部门多用电即是减排。终端消费部门电气化主要体现在工业部门电气化、交通部门电气化，以及建筑部门电气化。

实现能源系统的转型，需要即刻大力推进可再生能源、核电等非化石能源的快速发展，控制化石能源的使用。“十四五”期间煤炭消费达峰、石油争取达峰，天然气的消费在2035年左右也达到峰值。能源系统也同时需要发展CCS技术。

58.碳达峰、碳中和目标下煤炭转型面临哪些严峻挑战？

中国是世界最大的煤炭生产国和消费国。2019年，中国煤炭产量超过全球总产量的47%，而煤炭消费量在全球的占比更是高达52%。2019年全球煤炭产量最大的50家企业中中国企业占据30席。相比石油和天然气，煤炭是碳排放强度最高的化石能源品种，按单位热值的含碳量计算，煤炭是石油的大约1.31倍，是天然气的1.72倍。在碳达峰、碳中和目标下，从开发、利用、转化等各环节共同构成的煤炭产业链如何向绿色低碳转型，面临非常严峻的挑战。

早在巴黎会议后，世界自然基金会（WWF）就预言，如果我们对《巴黎协定》是认真的，那么即便把所有的煤电厂都改造为最高效率的技术，也必然大大超过控制全球温升1.5℃目标的排放空间，煤炭已经没有未来！即使大规模应用碳捕集、利用与封存（CCUS）

技术理论上可以解决煤炭使用的碳排放问题，但CCUS技术作为末端治理技术，其应用也受到技术、经济、环境以及排放源和封存条件匹配等诸多因素的制约，部署CCUS的实际进展缓慢，大力控制和减少煤炭使用，逐步淘汰煤电是大势所趋。

2017年英国、加拿大等国联合发起成立“助力弃用煤电联盟”，积极推动全球弃煤进程。目前已有十几个基本实现弃煤目标的欧洲国家积极参与了该联盟，并制定了彻底弃煤的时间表。英国曾是世界上第一个使用煤电的国家，2017年英国煤电比例仅为7%，英国首相特蕾莎·梅在加拿大访问期间宣布将在2025年前彻底淘汰现有煤电，要求2025年10月1日起任何电厂的瞬时碳排放强度都不得超过450克/千瓦时。德国是欧洲煤炭消费大国，2016年煤电占总发电量的40%。德国联邦政府和相关能源公司已正式签署协议，到2038年停止以褐煤为原料发电。

近年来，我国实施煤炭消费总量控制取得明显成效，2019年煤炭消费占能源消费总量比重为57.7%，比2012年降低10.8个百分点。2016年以来，累计退出煤炭过剩产能超过8亿吨，仅2017年淘汰停建缓建煤电产能就高达6500万千瓦。煤炭是我国能源安全的稳定器和压舱石，对经济发展具有重要的支撑作用。煤电在碳达峰、碳中和目标下，不仅要继续做好大电网稳定运行的基石，而且要积极参与电网调峰、调频、备用。在煤炭产业链转型过程中，需要安置好百万级的煤炭行业的冗余劳动力。一些资源依赖型城市和地区萎缩衰落，发展面临转型困境。大量煤炭相关基础设施，包括部分火电机组，不得不提前退出。除此之外，在碳中和目标下，越来越多的金融机构宣布不再投资煤电项目，我国海外投资的大量煤电项目面临很大风险。

煤化工也是煤炭转化利用的重要方式，无论是传统煤化工还是现代煤化工，在化工产品的过程中都会排放二氧化碳。尽管碳达峰目标不包括工业过程的碳排放，但在碳中和目标下，煤化工的过程排放也必须要考虑在内。煤化工的发展受国际油价影响较大，要在碳约束下综合评估其用水、用能和环境影响，寻找未来的转型发展路径。

总之，尽管挑战巨大，未来煤炭行业面向碳达峰、碳中和目标加速转型的方向是明确的，具体路径还需要深入研究，把握好转型的节奏。

59. 碳达峰、碳中和目标下天然气有多大发展空间？

天然气相比煤炭、石油更低碳，但仍是一种有碳能源。2019年国际能源署（IEA）发布的《天然气在能源转型中的作用》报告指出，通过降低能源强度、低碳燃料替代以及可再生能源的快速发展，全球碳排放增速放缓。2010年以来，全球通过天然气替代煤炭量累计减少了5亿吨二氧化碳，在推动能源转型中发挥了关键作用，是能源转型进程中有益的过渡能源。在欧洲，天然气替代煤炭的过程已基本饱和，天然气消费进入平台期。法国、荷兰等一些欧洲国家已经不再将天然气作为清洁能源，开始减少消费降低天然气。2019年1月，法国智库“巴黎可持续发展与国际关系研究所”（IDDRI）发布的《天然气和气候承诺，两个不可调和的因素？》研究报告指出，2017年天然气燃烧排放60亿吨CO_2，约占全球温室气体排放量的12%。要实现碳中和目标，必须在整个欧盟建立大幅度减少天然气的共同愿景并采取相应的政策行动。2021年1月20日，欧洲投资银行行长沃纳·霍耶在欧投行的年会上说，欧洲需要确保未来不再使用化石燃料，就是天然气的时代结束了。

2019年，我国天然气产量（含非常规气）为1773亿立方米，进口天然气折合1352亿立方米，表观消费量为3064亿立方米，在一次能源结构中占比为8.1%。2020年12月，国务院新闻办发布《新时代的中国能源发展》白皮书，对我国未来天然气行业发展提出了一系列的要求，将天然气作为替代煤炭的一种手段，加强天然气基础设施建设与互联互通，在城镇燃气、工业燃料、燃气发电、交通运输等领域推进天然气高效利用。大力推进天然气热电冷联供的供能方式，推进分布式可再生能源发展，推行终端用能领域多能协同和能源综合梯级利用。同时积极推进生物天然气产业化发展和农村沼气转型升级。合理布局适度发展天然气发电，发挥其灵活性强的优势，积极参与调峰，等等。国家能源局提出的“十四五”期间重点做好六个方面工作中，也明确要进一步创新发展方式，加快清洁能源开发利用，推动非化石能源和天然气成为能源消费增量的主体，更大幅度提高清洁能源消费比重。由此可见，在碳达峰、碳中和目标下，天然气作为能源转型的过渡性方案，在未来5~10年还有一定的发展空间，未来10~15年发展前景存在较大不确定性。从长远来看，要实现碳中和目标，天然气最终也将被无碳的非化石能源所替代。

60. 可再生能源对实现碳达峰、碳中和目标有什么作用?

可再生能源替代化石能源对于能源系统转型具有举足轻重的作用。碳达峰、碳中和目标意味着在今后较长时期，我国电力清洁化必须提速，以风电和光伏发电为主的新能源将迎来加速发展。

“十三五”期间，我国新能源装机年均增长约6000万千瓦，增速为32%，是全球增长最快的国家。截至2019年底，我国新能源装机容量达到4.14亿千瓦，占全部电力装机的20.63%，其中风电2.1亿千瓦、光伏发电2.04亿千瓦，新能源发电量为6300亿千瓦时，占全部发电量的8.6%。2020年虽然受到新冠肺炎疫情的影响，但全球可再生能源发电量较2019年增长近7%，在全球发电总量中的占比已达28%。根据国际能源局统计，2020年我国风电新增并网装机容量高达7167万千瓦，新增光伏发电装机4820万千瓦，同比增长60%。

习近平在气候雄心峰会上提出可再生能源的发展目标是到2030年风电、太阳能发电总装机容量将达到12亿千瓦以上，行业企业发展新能源的热情更加高涨。2020年12月，国家能源局提出了“2021年我国风电、太阳能发电合计新增1.2亿千瓦”的目标。2020年10月，来自全球400余家风能企业的代表共同签署并发布了《风能北京宣言：开发30亿风电，引领绿色发展，落实“30 · 60”目标》，郑重提出在“十四五”规划中，须为风电设定与碳中和国家战略相适应的发展空间：保证年均新增装机5000万千瓦以上。2025年后，中国风电年均新增装机容量应不低于6000万千瓦，到2030年至少达到8亿千瓦，到2060年至少达到30亿千瓦。

在碳达峰、碳中和目标下，电力企业积极发展可再生能源，争做“碳中和”排头兵，2020年累计签署的各类风、光和储能项目达数千亿元。例如，截至2020年末，国家电投集团公司电力总装机1.76亿千瓦，56.09%为清洁能源装机，达9888万千瓦。其中，风电、光伏新能源装机达到6049万千瓦，跃居世界首位。2020年，中国华能集团实现新增新能源装机超1000万千瓦，超过前4年增量总和。石化企业也高度重视可再生能源，将可再生能源作为技术经济竞争的新领域。

可再生能源快速发展在促进能源转型的同时也带来电网稳定性和生态环境保护等方面的隐忧。可再生能源按照电网承载能力有序接入，配套相应规模的储能装置，并纳入电网调节统一控制，是解决可再生能源高速发展带来电网稳定问题的必由之路。生态环保问题也受到越来越多的重视，成为新能源产业发展的制约因素之一。2021年2月，国家林业和草原局颁布了《关于规范风电场项目建设使用林地的通知》，通知明确提出，严禁风电项目使用重点林区林地。这将进一步增大集中式风电项目开发难度，此前浙江、湖南等植被覆盖较好的省份暂停了对陆上风电项目的审批。在可再生能源行业快速发展的过程中，大规模的工程建设可能对生态系统、生物多样性和社区环境造成深远的影响，需要权衡取舍，在满足社会对清洁、廉价能源的需求的同时最大程度上避免对土地和水域的破坏和影响。

61. 核电对实现碳达峰、碳中和目标有什么作用?

历经30多年的发展，我国已成为核电大国。截至2019年底，在运、在建核电装机容量6593万千瓦，居世界第二，在建核电装机容量居世界第一，形成了包括核电装备制造、核电站设计建设、核电站运营、核燃料供应及核废料处理等上下游环节组成的完整的核电产业链。已建成若干应用先进三代技术的核电站，新一代核电、小型堆等多项核能利用技术取得明显突破。2020年12月发布的《新时代的中国能源发展》白皮书提出：建设多元清洁的能源供应体系，优先发展非化石能源，安全有序发展核电是多元清洁能源供应的体系的重要组成部分。我国将核安全作为核电发展的生命线，坚持发展与安全并重，实行安全有序发展核电的方针，加强核电规划、选址、设计、建造、运行和退役等全生命周期管理和监督，坚持采用最先进的技术、最严格的标准发展核电。迄今为止，在运核电机组总体安全状况良好，未发生国际核事件分级2级及以上的事件或事故。坚定核电安全发展战略，对我国构建安全高效能源体系、应对全球气候变化挑战、保障可持续发展、加快科技创新、保障和提升国家总体安全具有重大的战略意义。

62.储能技术对实现碳达峰、碳中和目标可以发挥什么作用?

实现碳达峰、碳中和目标，能源系统的低碳化是关键，且必须先行。可再生能源加储能是促进能源系统低碳化，提供能源系统灵活性的一种方案。如果储能技术能有突破性发展，成本大幅度下降，经济上具有竞争力，且大规模应用，可使传统的发输配供用电能单向、线性配置成为环状多向配置，促进能源、电力、物质间双向转换，使电气化与经济社会深度融合。

储能发展方兴未艾，技术及商业模式层出不穷，为未来展现了美好的前景。但是，储能的特点也决定了在应用对象、条件、安全、技术、商业模式等方面都存在系统性和综合性的问题，而这正体现出储能不可能脱离新能源发展的进程、电力系统需求、经济社会的需求而独立发展。相信通过“十四五”期间的技术发展和政策完善，储能的发展态势会更加明朗，在促进低碳转型中将发挥重要作用。

储能成本在过去10年间，每年平均下降10%~15%。随着储能技术的进步，成本逐步下降。储能系统成本已经由最初的7~8元/Wh，降到后来的2元/Wh，再到现在的近1.5元/Wh；电池的循环寿命也不断延长，从最开始的1500次，到3400次，再到现在的6500次。整个系统成本下降，使得造价成本、度电成本同步下降。目前，锂电池度电成本价格约为0.53元/KWh。当然这涉及很多边界条件，如充放电深度、寿命周期等。多数专家认为当其成本下降至约0.35元/kWh时将具备经济性。届时可再生配储能也将更具可行性。

储能只是提供能源系统灵活性的一系列选项之一。因此，适当评估的第一步是对灵活性需求进行全面系统研究，将储能与其他选择（如需求响应、发电厂改造、智能电网措施以及提高整体灵活性的其他技术）进行比较。

技术对于能源系统的低碳化非常关键，有专家认为储能发展直接决定了能源电力低碳转型的广度、深度、进度甚至成败。

63.碳达峰、碳中和目标下工业部门需要实现什么目标？如何转型发展？

实现全国碳达峰、碳中和，需要工业部门的尽早达峰和深度减排。工业部门实现尽早达峰和深度减排，首先是继续推进工业节能，大幅度提高电力化水平。同时由于不少工业产品的生产工艺仍需要化石能源作为原材料和工艺用材料，这些行业被称作难以减排的行业，推进这些行业的深度减排的选择有两个，使用CCS技术，或者进行工艺技术的变革，采用不排放温室气体的技术，目前讨论最多的是氢基工业，即利用绿氢替代化石能源作为原料或者工艺用材料。

工业行业节能重点应为高耗能产业的工艺技术节能、电机节能，以及创新工艺节能。工业部门电力化主要体现在现有用热生产工艺的热源提供，采用电热锅炉的方式。由于大气污染治理，工业锅炉小于35吨额定蒸发量已经逐渐需要更改成电热锅炉。一般情况下，近期应对大气污染治理的措施也包括建立产业园清洁能源中心，用大锅炉替代小型锅炉。因此，长期来讲，工业供热需要电力化是一个相对成本较高的措施。另外，有一些工艺用能源，可以改成电热方式。

对于难以减排的工业，如钢铁制造、水泥制造、化工等，需要在近期开始准备工艺的技术创新，为长期的氢基产业技术转型做出准备。

目前，高耗能工业占工业能耗的70%，占工业煤耗的92%。“十四五”期间推进工业节能、能源替代以减少煤炭消费量、提高电力化水平，以使工业在2025年前碳达峰。到2050年，工业终端能源中，电力和氢可以占到58%，化石能源占36%，其中10%为原料。工业部门电力化，以及使用CCS和氢基生产工艺，工业可以在2050年实现近零排放。

64. 碳达峰、碳中和目标下交通部门需要实现什么目标？如何转型发展？

要实现碳中和目标，交通部门需在2050年实现近零排放。小汽车、大巴车基本以电池纯电动汽车为主，中小型货车以电池电动汽车为主，部分重型货车采用氢动力燃料电池。小型船舶利用电池，大型船舶采用氢燃料电池技术。难以电气化的铁路使用氢燃料电池技术。小型支线飞机使用电池驱动，大型飞机采用氢动力，考虑到氢动力飞机研发到商用的周期，2050年还需要为既有燃油飞机采用生物燃油替代航空煤油。为此，“十四五”期间继续推进电动汽车发展，2025年之后电动汽车价格低于燃油汽车，不再需要补贴。“十四五”期间鼓励一些碳先锋城市停止销售燃油车，并采取措施鼓励电动车的使用，如设立仅公交和电动车行驶区域，逐步从市区搬离加油站等。同时加大对新型技术的研发，如燃料电池驱动技术，以及氢燃料飞机的研发。

近期交通运输部门需要大力推进先进节能汽车、电动汽车，以及氢动力重卡。同时继续大力发展公共交通，打造适宜自行车等慢行交通的出行系统。交通部门应力争在2025年左右达峰。

交通运输到2050年基本电气化（包括氢燃料电池），部分航空则需要用生物燃油。道路交通中，仅部分重型卡车需要使用氢燃料电池，其他均为电动车。水运大型船舶采用氢燃料电池，其他船舶使用电池驱动。难以电气化的铁路采用氢燃料电池。大型飞机采用生物燃油和氢驱动技术，小型飞机采用电池驱动。

交通部门电动车辆需要提升效率，电动小汽车百公里电耗从目前15kWh/百公里下降到2030年的8kWh/百公里以下。非机动车出行在城市出行中占据35%以上。

65.碳达峰、碳中和目标下建筑部门需要实现什么目标？如何转型发展？

碳达峰和碳中和目标下，建筑部门需要提升建筑能效、普遍电力化。实现建筑部门碳达峰，需要在2025年前大力推进节能建筑，特别是在农村地区。在发达城市实施超低能耗建筑标准。采取激励政策，使家用电器节能标准进一步提升。

实现碳中和，建筑内用能基本电气化，包括炊事。城市供暖是一个较难减排领域，需要在天然气集中供暖采用CCS技术，同时利用新技术，如采用可再生能源供热，以及低温核供热等新技术，实现供暖的CO_2近零排放，但是低温核供热技术在未来还有待实际应用验证。

建筑部门需要全面推行超低能耗建筑，使其在2025年左右成为新建建筑标准。家用电器进一步强化节能，2040年空调能效比提升到8左右。空调的能效比是指空调工作的时候，输出的工作效率和输入的能源效率的比值。根据国家能效比标准，一般划分为五级，目前一级3.4是最省电的，五级2.6是最耗电的，市面常见的空调是三级，能效比为3.0。

66.需求侧管理对碳达峰、碳中和目标有什么意义?

需求侧管理对于实现碳中和也很重要。以前我们更多关注供给侧改革，其实需求侧的改革也可以创造很多减碳机会，衣、食、住、行、用等方面都有很大空间。企业需要和消费者共同发掘机会，梳理出实现碳达峰、碳中和目标的重点领域，寻找商机。例如，中国碳排放的40%来自房地产和建筑业，房地产业的钢材消耗量占全国的1/4到1/3，水泥用量占1/3以上，而每年产生的建筑垃圾有15亿~24亿吨，资源化率不足5%。再如，中国城镇家庭的恩格尔系数2015年已降至30%以下，农村家庭2019年也降至30%。中国进入后小康社会，防止奢侈浪费和过度消费，追求绿色低碳消费应成为新风尚、新时尚。因此，在衣、食、住、行、用等代表性消费品领域进行需求侧管理的减碳大有可为。

67. 不减少排放，靠植树造林和碳捕集、利用与封存（CCUS）技术可以实现碳中和目标吗？

根据《第二次中国气候变化两年更新报》，2014年中国温室气体排放总量为111.86亿tCO_2eq，林地温室气体净吸收为8.40亿tCO_2eq，碳汇量约占中国全年温室气体排放量的7.5%。同期我国已运行的CCS/CCUS示范项目的总减排规模约为几十万吨CO_2/年。如果按照我国目前提出的国家自主贡献目标，我国碳排放峰值水平在100亿～120亿tCO_2，即与能源相关的行业如电力、工业、建筑和交通部门的排放约在90亿～110亿tCO_2。要实现2060年前碳中和目标，如果不减少这些部门的排放，也就是说通过植树造林的碳汇和在上述能源有关设施上全部加装CCUS设备不仅要减少上述排放量，还要考虑弥补剩下约10亿tCO_2的农林和土地利用产生的非二氧化碳排放量。根据过去几十年我国陆地生态系统固碳量增加的研究，60%的人工林碳汇增量来自森林面积的增加，而未来我国人工再造林面积增长非常有限，尽管在有效的人类经营管理下，我国陆地生态系统的固碳量将进一步提升，但其所产生的碳汇量也是有限的。中国的CCUS在2020年前基本处于研发和示范阶段，并且减排成本高，但其发展将在未来碳中和工作中发挥重要作用，特别是在2030年之后，其贡献将逐步显现。按照比较乐观的情景预测，2050年CCUS可贡献碳减排量的30%。照此测算，仅靠植树造林和CCUS是无法实现碳中和目标的。

68. 碳达峰对就业有什么影响?

要实现碳达峰目标，必须继续加大碳减排力度，这要求对整个经济结构、产业结构和能源结构做出相应的调整。这种调整会进一步影响到经济生活的各个方面，包括消费方式、能源生产和利用方式、能源技术发展、产业布局、商品生产和分配方式等。相关的政策和目标无疑会对就业产生显著的影响。实现碳达峰目标会导致一些传统的化石能源产业面临较大压力，同时也会传导到下游一些以化石能源为主要原材料的工业部门，但也会给新能源利用、节能服务等行业带来全新的发展机遇。

碳减排政策和低碳技术是实现碳达峰目标的重要途径。低碳发展是指通过低碳化进程实现低碳经济的发展路径，旨在实现可持续发展与应对气候变化的双重目标。不同的政策目标和政策实施路径会对相关产业产生不同的影响，通过产业结构和能源结构的调整，淘汰落后产能、开发新技术和新能源等途径影响产业就业结构和区域就业结构。除了对就业总规模和结构产生影响之外，这些变化还会对就业技能提出新的要求。

碳减排政策涉及多个产业部门，对不同部门、不同地区的就业所产生的影响也具有明显的差异。在制定减排目标时，除了考虑技术可行性和经济成本之外，还必须认真评估相关政策对就业的影响。低碳政策会给一些部门带来新的投资，并促进就业规模扩大，例如新能源的开发利用、通过植树造林增加碳汇、专业性的节能服务等，这些投资不仅会创造大量直接就业机会，还会给与其关联的其他产业，如相关的设备制造业、森林旅游业和绿色金融行业等，带来很多间接的就业机会。但与此同时，煤炭、石油和天然气的开采以及相关的化工行业，高耗煤的火电、钢铁、水泥生产等行业的就业机会则减少。但是不同部门受影响的过程时间长短不一，在不同时期内，低碳政策对各部门就业水平的影响也各不相同。

短期内，各种碳减排政策会通过对能源需求的结构性影响效应以及对能源价格和成本的影响效应直接使与能源利用相关的部门和企业面临就业机会的增减。具体来说，一些高碳部门的就业机会将逐渐减少或增速放缓，而一些低碳产业将会提供更多的就业岗位。因此，短期内气候政策首先会给直接关联的产业带来明显的就业影响，而具体的净影响则取决于相关产业的就业规模和劳动生产率。中期内，碳减排政策对就业的影响会通过产业传导效应从高碳部门和低碳部门波及经济整体。例如，煤炭开采和洗选行业的就业损失会导致运输行业也受到影响，与煤炭运输相关的就业机会就会相应减少。而新能源的开发利用，如风能和太阳能利用的发展会推动相关的设备制造业创造出更多就业机会。长期内，为实现碳达峰目标会促进对低碳技术的大规模投资，通过技术进步/创新效应创造新的工作岗位。这些政策在长期内能促进就业结构的升级，使劳动力从高碳产业转移到低碳产业中。关于低碳、气候政策就业影响的相关研究也多表明政策的长期净影响效应是增加了更多绿色、环保的工作机会。

从具体行业影响看，清洁能源以及可再生能源的发展会给能源产业和相关的设备制造部门创造大量新的就业机会。通过大力发展水电、风电、太阳能、生物质能等可再生能源，能够推动新能源技术开发及设备制造、安装、维护等行业产生一系列新增就业。节能减排需要融资和金融服务，因此也能带动金融行业的就业，刺激产生一些新的就业岗位，包括清洁能源投资、低碳技术服务贸易，以及清洁发展机制、碳排放权交易市场等相关领域的金融服务工作。为了提高化石能源的利用效率和清洁化使用，在电力、交通、建筑、冶金、化工、石化、汽车等部门会推动低碳和节能技术的快速发展。低碳技术研发和运用，会大大推动技术层面和服务层面的就业，包括增加能源咨询公司、能源服务公司，形成新的就业结构。开展植树造林和生态保护能够提供大量的工作机会。中国实施退耕还林政策、建设自然保护区及开展生态旅游等举措，能够增加林业、园艺、森林管理及旅游区设施维护等方面的就业需求。低碳发展带来的巨大投资还能给服务业带来大量的就业机会，包括咨询、保险、商业气象服务、环境保护和科普教育、传媒等，还会催生一些全新的就业岗位，如碳排放管理员等。2021年1月人力资源和社会保障部发布《关于对拟发布集成电路工程技术人员等职业信息进行公示的公告》，拟新增18个职业，调整变更21个职业。其中，碳排放管理员纳入新增职业。

但低碳转型背景下，新技术和新行业的发展，对劳动力的技术含量要求较高，不利于低技能劳动力就业。作为发展中国家，中国大力发展再生能源和提高能源效率，不但需要巨额的资金，还需要大量的高技术人才，而发展中国家的劳动力大多是低技术含量，这将减少许多低技能劳动力的就业机会。节能减排将限制发展那些资源和能源消耗大、高污染和高排放的企业，许多不符合要求的中小企业会逐步关停并转，这会带来某些行业的缩减，造成结构性失业。例如，重化工产业、机械制造、钢铁行业的低端技术人员可能在技术升级换代过程中失业，煤炭行业中的高能耗、高污染小企业被关闭，建筑行业、传统汽车行业、能源行业的某些低技能劳动力也会失业。

69. 各地区必须同步实现碳达峰、碳中和目标吗？

中国作为一个发展中大国，不同地区的自然资源禀赋和社会经济发展状况差异很大。我国在“十二五”时期，节能减排目标分解到各地区时就采用了区别对待的方式，将31个省、区、市分为5组，东部发达地区减排目标高一些，中西部地区的目标低一些。类似地，不同地区不可能同步实现碳达峰、碳中和目标，在面向碳中和目标的绿色低碳发展道路上，各地区的时间表可以有先后，政策措施也应尽可能因地制宜，避免“一刀切”。我国在出台重要政策时，往往采用试点示范，总结经验再以点带面全面推广，这一做法对于推动碳达峰、碳中和工作也非常必要。中央经济工作会议就提到鼓励支持有条件的地区率先达峰。东部地区相对发达，有率先达峰的优势，而西部地区有丰富的水能、风能、太阳能、地热等可再生能源资源。碳达峰、碳中和工作是一项长期任务，各地区都应立足本地优势积极探索适合本地实际情况的碳达峰、碳中和发展路径和应对措施。

需要特别强调的是，各地区在发挥本地优势积极减排的同时，不应不顾实际情况盲目攀比，更不能以邻为壑，损害其他地区的利益。在国家层面应进一步健全区域协调发展的机制和配套政策。一些地方到年底考核时以节能减排为名强行拉闸限电，给企业正常生产和居民正常生活造成严重影响，即使短期减排了也不可持续，更不是绿色低碳发展的初衷，只会损害政府推动碳达峰、碳中和工作的公信力。

70. 碳达峰、碳中和目标下城市有什么特殊责任?

全球正处于城市化发展进程中，根据2020年12月联合国人居署发布的《2020年世界城市报告》，目前全球城市化率为56.2%，2030年将达到60.4%。已高度城市化地区的人口增长速度将会放缓，城市化速度最快的地区在东亚、南亚和非洲的欠发达地区，尤其是印度、中国和尼日利亚。

城市作为人口和经济活动聚集的中心，城市运转大量消耗化石能源，因此城市是二氧化碳排放的主要来源。城市二氧化碳排放量增长与城市经济增长、人口迁移和人口密度、工业化水平、资本投资等因素密切相关。目前全球城市人口占总人口不足60%，能源消费和温室气体排放占比为75%~80%。致力于应对气候变化的国际城市联合组织C40在2019年6月发布的一份研究报告显示，全球近100个大城市的消费排放已经占全球温室气体排放量的10%。如果不采取紧急行动，到2050年这些排放量将增加近一倍。因此，城市对于实现碳达峰、碳中和目标负有特殊责任，也在技术、经济、环境意识和社会动员等方面具有独特的优势。截至2019年9月，全球有超过100个城市承诺将在2050年实现碳中和，一些城市如墨尔本、哥本哈根、斯德哥尔摩等则采取更为积极的政策行动，提出了更有雄心的目标。

71. 我国低碳城市试点取得了哪些成效?

国家发展和改革委员会自2010年起先后开展了三批低碳省、区、市试点工作，共87个省市区县纳入试点范围。经过几年探索和发展，我国低碳城市试点工作取得了显著成就。

一是试点地区在低碳发展目标方面发挥了引领作用，促进发展方式的转型。经过探索和努力，这些低碳试点城市的单位GDP二氧化碳排放下降率普遍高于非试点地区，碳强度下降幅度也显著高于全国平均碳强度降幅，说明这些试点城市在产业转型、能源转型、提升发展质量效益方面取得了积极成效。这些试点城市不但提出了更加严格的碳强度下降目标，而且率先提出了碳排放峰值目标和路线图，形成了对产业结构转型、能源结构优化、技术进步创新、生活方式转变的倒逼机制。

二是大幅度提升了各地对低碳发展的认识和能力建设。通过开展低碳试点，各地对低碳发展理念的科学认识方面有了较大提高，各地更加注重绿色低碳与经济社会发展的协调推进，对转变传统的粗放型发展理念发挥了重要作用。同时，这些试点地区关于经济、社会、能源、碳排放、环境保护等方面的基础数据分析和路径研究方面的能力建设也得到了很大提升，政府、企业、社会公众的绿色低碳意识也得以提升，为通过理论指导实践推动实现绿色低碳发展奠定了良好基础。

三是涌现出来一批好的做法、好的经验。各个试点地区都在探索绿色低碳发展道路方面做了很大努力，在产业转型、能源转型、技术进步、低碳生活方式引导以及推动绿色低碳发展、加强生态文明建设的体制机制创新方面都做了许多工作，各有特色。例如，截至目前已有多个试点城市设定了达峰时间表，围绕峰值目标倒逼结构调整。北京、上海、深圳、广东等七省市已开始探索运用市场机制推动低碳发展。镇江等城市探索建立企业碳排放报告制度及碳排放管理平台。广元市成立专门的低碳发展机构——低碳发展局。

72. 达峰先锋城市联盟有哪些成员？各地提出了哪些达峰目标？

为了实现2030年前碳达峰目标，城市需要先行。2010年，中国城市碳排放总量约占全国总排放量的60%；根据预测，到2030年该数字会提高到80%左右，城市将是中国实现碳达峰和绿色低碳转型的主战场。

2015年，中美联合召开了第一届“中美气候智慧型/低碳城市峰会”，来自中国的参会省、市宣布了各自努力实现碳达峰的目标，并宣布成立中国达峰先锋城市联盟（Alliance of Peaking Pioneer Cities of China，APPC），宗旨是加强城市间低碳发展与减排达峰的经验总结和分享，推广国内外优秀碳减排实践，发挥示范引领作用。11个省市率先成为该联盟首批会员。2016年，在第二届“中美气候智慧型/低碳城市峰会”上，又有12个中国城市加入该联盟，承诺在2030年碳排放达峰。联盟中23个成员城市总人数约占全国总人口的17%，国内生产总值约占全国总量的28%，二氧化碳排放总量约占全国排放总量的16%。

表6 中国达峰先锋城市联盟的达峰目标

加入达峰先锋城市联盟时间	省 市	达峰目标
2015	北京	2020年左右达峰
2015	四川	2030年前达峰
2015	海南	2030年达峰
2015	深圳	2022年达峰
2015	广州	2020年底前达峰
2015	武汉	2022年左右达峰
2015	贵阳	2025年前达峰
2015	镇江	2020年左右达峰
2015	吉林	2025年前达峰
2015	延安	2029年前达峰

续表

加入达峰先锋城市联盟时间	省 市	达峰目标
2015	金昌	2025年前达峰
2016	宁波	2020年前达峰
2016	温州	2020年前达峰
2016	苏州	2020年左右达峰
2016	南平	2020年左右达峰
2016	青岛	2020年左右达峰
2016	晋城	2023年左右达峰
2016	赣州	2023年左右达峰
2016	池州	2030年左右达峰
2016	桂林	2030年左右达峰
2016	广元	2030年左右达峰
2016	遵义	2030年左右达峰
2016	乌鲁木齐	2030年左右达峰

注：APPC首批会员包括21个城市和两个省区，第二批加入APPC的均为城市。
资料来源：作者综合整理

73. 哪些行业或企业提出了碳达峰、碳中和目标？有哪些可借鉴的经验？

中国提出的“二氧化碳排放力争于2030年前达到峰值，努力争取2060年前实现碳中和”的目标，正在深刻地影响经济大势和产业走向，改变着人们的生活。全球温室气体排放中，超过70%源自能源消费，其中38%来自能源供给部门，35%来自建筑、交通、工业等能源消费部门，因此必须针对这些重点领域和行业制定保证碳达峰和碳中和目标得以实现的产业政策。2020年底召开的中央经济工作会议将做好碳达峰、碳中和工作确定为2021年八大重点任务之一。生态环境部在2021年1月印发的《关于统筹和加强应对气候变化与生态环境保护相关工作的指导意见》中明确提出要鼓励能源、工业、交通、建筑等重点领域制定达峰专项计划；推动钢铁、建材、有色、化工、石化、电力、煤炭等重点行业提出明确的达峰目标并制定达峰行动方案。许多重点行业和企业也由此宣布了各自的碳达峰和碳中和计划和路线图，碳减排目标正在逐渐变为具体行动。

表7　重点行业达峰目标

行业	达峰目标
钢铁	力争2025年率先实现碳排放达峰
建材	建筑材料行业要在2025年前全面实现碳达峰，水泥等行业要在2023年前率先实现碳达峰
汽车	碳排放于2028年先于国家碳减排承诺达峰

资料来源：作者综合整理

表8　重点企业达峰目标

企业	达峰目标
国家电力投资集团有限公司	到2023年将实现国家电投在国内的碳达峰
华电集团	有望2025年实现碳达峰

续表

企业	达峰目标
中国大唐集团	2025年非化石能源装机超过50%，提前5年实现碳达峰
国家能源集团	抓紧制定2025年碳排放达峰行动方案
通威集团	计划于2023年前实现碳中和目标
中国宝武钢铁集团	力争2023年实现碳达峰、2050年实现碳中和
大众汽车集团	在2050年实现完全碳中和
新乡化纤（白鹭）	在2028年实现碳排放达峰，在2055年实现碳中和

资料来源：作者综合整理

重点行业和大型龙头企业率先承诺碳达峰、碳中和目标，能发挥示范引领作用，并将所积累的良好经验在更大范围内复制推广。重点行业在制定碳达峰、碳中和计划时，通过做好顶层设计，围绕碳达峰、碳中和目标节点，确定碳达峰路线图，综合运用相关政策工具和措施手段，能持续推动结构调整，推进行业绿色低碳发展。在实现碳达峰和碳中和目标时，在行业和企业层面积极开发利用清洁可再生能源技术，充分发挥行业特点和优势，提高化石能源和天然矿物原料替代率，并推动包括超低排放、二氧化碳捕集、封存、利用在内的一批低碳排放先进适用技术应用。将重点行业的碳达峰工作与供给侧结构性改革相结合，通过压减、退出落后产能，促进行业绿色、低碳、可持续发展。

74.“新基建”对碳排放有什么影响?

基础设施是为社会生产和居民生活提供公共服务的物质工程设施，这种公共服务系统能够保证国家或地区社会经济活动正常进行，因此也是社会赖以生存发展的一般物质条件。2018年，中央经济工作会议首次提出“加快5G商用步伐，加强人工智能、工业互联网、物联网等新型基础设施建设”，随后在国家层面的相关文件和会议部署中，“新基建”概念多次出现，如2019年的《政府工作报告》和2020年3月召开的中央政治局常务委员会会议上，都强调了以新一代信息基础设施为重点的“新基建”将成为未来经济建设的重要任务之一。2020年4月，国家发展和改革委员会明确提出了新型基础设施的定义为以新发展理念为引领，以技术创新为驱动，以信息网络为基础，面向高质量发展需要，提供数字转型、智能升级、融合创新等服务的基础设施体系。当前的“新基建”主要包括七大重点领域：5G、特高压、城际高速铁路和城市轨道交通、新能源汽车充电桩、大数据中心、人工智能、工业互联网。与传统基建主要聚焦于铁路、公路、机场、水利等重大基础设施建设相比，“新基建”包括信息基础设施、融合基础设施和创新基础设施三方面的内容。其中，信息基础设施包括以5G、物联网、工业互联网、卫星互联网为代表的通信网络基础设施，以人工智能、云计算、区块链等为代表的新技术基础设施，以数据中心、智能计算中心为代表的算力基础设施等；融合基础设施包括智能交通基础设施、智慧能源基础设施等；创新基础设施包括重大科技基础设施、科教基础设施、产业技术创新基础设施等，因此本质是信息数字化的基础设施。“新基建”能够有效推动经济社会创新、产业与消费升级和实现高质量发展，具有绿色、低碳、环保等特征。

2019年一次能源消费总量中，煤炭消费量占57.7%，天然气、水电、核电、风电等清洁能源消费量占23.4%。即我国消费的能源一半以上来源于化石能源，清洁能源不足四分之一。“新基建”中涉及的特高压输电网络与新能源汽车充电桩建设能够扩大可再生能源的消纳范围，推广清洁能源利用，助力实现区域减排目标。城际高速铁路和城市轨道交通建设能够提高大运力交通体系中的电气化程度，提高交通体系的能源利用效率，缓解交通拥堵问题，同时具有可观的空气污染物和碳减排效应。

其他“新基建”重点领域都与信息通信技术密切相关，这也是重点耗能领域。随着信息通信业的快速发展，通信网络规模不断提升，伴随着大量设施、设备的修建和改建，相应的能耗需求也在快速增长。在5G基建、大数据中心、工业互联网等领域开展“新基建”建设，将大量应用先进的绿色设备和技术，推动信息通信业大力提升资源能源利用效率，加速基础设施的绿色创新升级，通过淘汰高能耗老旧通信设备来构建先进的绿色网络，能有效促进整体节能减排、实现绿色发展和减少国内基础设施产生的碳排放。

75. 实现碳中和目标有现成技术吗？需要哪些方面的新技术突破？

科技创新是做好碳达峰、碳中和工作的关键和重要支撑。

一是要启动制定碳中和目标下的科技创新规划和实施方案。统筹考虑短期经济复苏、中期结构调整、长期低碳转型，布局低碳/脱碳技术，提升未来绿色产业竞争力。面向2060年碳中和目标，将碳约束指标纳入“十四五”科技创新发展规划进行部署；围绕重点领域，启动《中长期应对气候变化领域科技专项规划》并开展相应配套研究，为碳中和目标提供必要技术支撑。

二是要加快建设高比例非化石电力生产体系，支持全面提高各行业电气化率。高比例非化石电力生产及利用体系是保证碳中和目标的重要途径。加速可再生能源发电技术推广并保证其发电成本在2030年前尽快实现经济有效，加快核能模块化、小型化、差异化的新型技术研发与应用，加强储能和智能电网等技术研发力度和示范规模并保证其最晚在2040年实现大规模配套应用，最终实现非化石电力占总发电量比例提高到2060年的90%以上。在此基础上，全面提高各行业的电气化率，实现2060年工业电气化率达50%以上、城镇全面电气化、农村以电力与生物质为主、铁路基本全面电气化、电动车占乘用车比例提高到90%以上。

三是要走以氢能、生物燃料等作为燃料或原料的革命性工艺路线，并提前储备负排放技术。对于难以电气化的领域要突破固有思路，采用革命性工艺。工业部门研发氢气炼钢、生物基塑料等革命性工艺，2060年氢能使用率实现15%左右；交通部门研发以生物燃料和氢气为原料的航空航海交通技术，使其不晚于2050年得到规模化应用。同时，为抵消工业过程等难以减排的温室气体排放，需要提前储备多种负排放技术。积极发展碳捕集、利用与封存（CCUS）技术，构建CCUS与能源/工业深度耦合的路线图，保证煤电CCUS和工业CCUS技术在2035年前后能够推广应用，生物质发电耦合CCUS不晚于2045年得到规模化应用；加快直接空气捕获（DAC）技术、太阳辐射管理和海洋脱碳工程等地球工程技术研发与可行性研究。

四是要加强推动技术研发与创新的保障体系建设。制定重点低碳技术和革命性技术研发路线图和投资计划，调动行业和市场力量，大规模部署推广低碳/脱碳技术研发和示范，打造全新的创新驱动体系；瞄准前瞻性、颠覆性技术，设立国家重点实验室，重点突破革命性核心技术，拓展未来新的经济增长点；依托国家可持续发展议程创新示范区设立碳中和示范区，开展低碳/脱碳技术大规模集成示范，“以点带面”推动各省市整体低碳转型；积极拓展国际合作，重视“一带一路”“南南合作”平台以及中欧气候合作，深化各国低碳/脱碳技术转移与交流。

76. 何为“氢经济”？何为“绿氢”？对实现碳中和目标可以发挥什么作用？

“氢经济”是指以氢作为工业原材料、能源为基础的一个经济体系，以实现温室气体的零排放、明显减少对地球资源的开采，做到尽少对地球环境的损害。“绿氢”是指利用可再生能源、核电等零碳能源制备的氢气。

如果要实现碳中和目标，工业和交通等一些难以减排的部门需要开发新的生产工艺和技术来实现减排。氢是很好的还原剂，以及大部分化工和石化产品的组分，氢同时也可以作为不排放CO_2的零碳能源使用，因此氢可以在未来工业等行业深度减排中扮演重要角色。

钢铁冶炼可以采用氢还原工艺，目前的设计是在直接还原铁生产工艺中使用。2020年我国在宁夏的一个60万吨钢铁冶炼系统开始投入生产，国际上还有十几套这样的设备在安装进程中。合成氨（NH_3）是最容易实现利用氢作为原料的化工产品。其现有生产过程中就需要制氢之后和氮进行反应得到合成氨。利用氢可以减少合成氨生产工艺的流程，并大幅度减少导致大气雾霾的相关气体的排放。甲醇（CH_3OH）和合成氨类似，现有生产过程就是用氢进行反应，可以省去前期制氢过程。中科院研究组正在甘肃进行利用捕获的CO_2加氢得到甲醇。

甲苯（C_7H_8）的生产也相对比较容易，既有工艺就可以实现。乙烯（C_2H_4）利用氢还在研究进程中，也是一个可以直接用氢和碳进行反应得到产品的过程。

“绿氢”来自零碳电力电解水制氢。现有技术电解1立方米氢需要5kWh电力，未来可以下降到2.8kWh，同时电解水设备成本明显下降。

在光伏发电成本下降到0.15元/kWh以下时，用电解水制氢来制造上述化工品的成本可以和既有生产供给进行竞争。预计到2025年在太阳能富集地区光伏发电成本就可以降至这一水平，给工业产业带来革命性的变革。

77.如何减少非二氧化碳类温室气体排放?

甲烷（CH_4）是仅次于二氧化碳的第二大温室气体，其排放量约占全球温室气体排放的20%，对全球变暖的贡献率约占四分之一。尽管我国碳中和目标的覆盖气候和范围还存在模糊性，但从应对气候变化的长期目标看，也必须努力减少甲烷等非二氧化碳类温室气体排放。

甲烷的人为排放源主要包括煤炭开采、石油和天然气泄漏、水稻种植、反刍动物消化、动物粪便管理、燃料燃烧、垃圾填埋、污水处理等。近年来，国际社会对全球甲烷减排的关注程度明显增强。根据2021年1月国际能源署发布的《甲烷追踪2021》报告估计，

2020年全球石油和天然气行业向大气中排放的甲烷超过7000万吨，一吨甲烷对气候变暖的贡献大约相当于30吨二氧化碳，油气行业排放的甲烷折算为二氧化碳相当于欧盟能源相关碳排放的总和。2018年加拿大和墨西哥已将控制油气行业甲烷排放纳入实现本国国家自主贡献中的甲烷减排承诺。2020年10月，欧盟委员会发布了《欧盟甲烷战略》，并将于2021年推动立法，促进石油和天然气企业减少甲烷排放或泄漏。

我国也是甲烷排放大国，2014年的甲烷排放总量高达5529万吨，相当于12亿吨二氧化碳，减少能源、农业、废弃物处理等来源的甲烷排放已引起高度重视。由于甲烷是短寿命温室气体，如果排放稳定对气候系统的长期影响就为零，而减排就相当于长寿命温室气体二氧化碳的负排放，可见，促进甲烷等非二氧化碳类温室气体尽快达峰并持续减排，可以为实现碳中和目标留出更多时间，对碳中和无疑具有积极意义。

78. 什么是碳排放交易？全球碳市场发展情况如何？

碳排放交易源于1997年通过的《京都议定书》，是指把二氧化碳排放权作为一种商品形成的二氧化碳排放权的交易，简称碳交易。碳排放交易是运用市场经济来促进碳减排的一种重要的政策工具。

参与碳交易的企业在不突破排放配额的前提下，可以自由决定使用或交易碳排放权。相对于行政手段具有全社会减排成本较低、能够为企业减排提供灵活选择等优势。

欧盟于2005年启动了欧盟排放交易体系（EU ETS）。目前全球正在运行的碳排放交易体系有21个，包括欧盟碳市场、韩国碳市场，新西兰碳市场以及美国区域温室气体减排行动（RGGI）等，覆盖的碳排放量约占全球排放总量的10%。截至2019年末，碳市场累计筹资逾780亿美元。

79. 我国碳市场建设对实现碳达峰、碳中和目标可以发挥什么作用？

我国碳市场建设从七省市试点到启动全国碳市场走过了较长的发展过程。2011年10月，国家发展改革委印发《关于开展碳排放权交易试点工作的通知》，批准北京、上海、天津、重庆、湖北、广东和深圳等七省市开展碳交易试点工作。2014年12月，国家发展改革委印发《碳排放权交易管理暂行办法》，宣布全国统一的碳排放权交易市场（火电行业）于2017年底建立。经过几年试运行，2020年底，生态环境部正式发布《碳排放权交易管理办法（试行）》《2019—2020年全国碳排放权交易配额总量设定与分配实施方案（发电行业）》以及《纳入2019—2020年全国碳排放权交易配额管理的重点排放单位名单》，标志着全球最大的碳市场正式投入运行。

碳交易作为市场化的减排机制，相比传统的财政补贴等政策，在节约成本、促进技术创新和调动企业积极性方面都具有更好的优势。碳市场对低碳绿色发展还具有直接融资功能。然而，从试点情况看，发放的配额剩余存量较大，碳价较低，交易活跃度低、碳配额衍生品缺乏、总交易量小，控排企业和其他市场主体基于碳配额开展投融资活动的动力不足，碳市场的作用和优势还未充分发挥。

中国承诺2030年前实现碳达峰，2060年前实现碳中和目标已经明确，需要尽快制定碳达峰和碳中和战略规划，确定全国总量控制目标、配额分配机制，明确各层级的减排任务和企业等市场主体的配额。这是碳市场交易和碳定价有效发挥作用的前提，也是碳金融创新的基础。未来，碳市场还将从电力行业扩展到石化、建材、钢铁等行业，提高碳市场活跃度，提高金融机构的参与度，包括培育碳资产管理公司和专业的投资者，开发碳期货等碳金融产品。不断完善碳交易市场，形成合理的碳定价机制，对于实现碳达峰、碳中和目标至关重要。

80. 绿色金融如何助力实现碳达峰和碳中和目标?

绿色金融是指为支持环境改善、应对气候变化和资源节约高效利用的经济活动，即对环保、节能、清洁能源、绿色交通、绿色建筑等领域的项目投融资、项目运营、风险管理等所提供的金融服务。

我国是全球首个建立比较完善绿色金融政策体系的经济体，初步形成了绿色金融的五大支柱：绿色金融标准体系加快构建；信息披露要求和金融机构监管不断强化；点面结合，激励约束机制逐步完善；绿色金融产品和市场体系不断丰富；绿色金融国际合作日益深化。截至2020年末，绿色贷款余额近12万亿元，存量规模世界第一；绿色债券存量8132亿元，居世界第二。中国是全球唯一设立绿色金融改革创新试验区的国家。截至2020年末，六省（区）九地绿色金融改革创新试验区绿色贷款余额达2368.3亿元，占全部贷款余额的15.1%；绿色债券余额为1350.5亿元。绿色金融成为推动经济绿色发展的关键力量。

为助力实现碳达峰、碳中和目标，人民银行承诺将聚焦碳达峰、碳中和目标等重大战略部署，充分发挥金融支持绿色发展的资源配置、风险管理和市场定价三大功能，工作重点包括：构建长效机制，完善绿色金融标准，推动金融机构开展碳核算；创新绿色金融产品和服务，为碳排放交易参与主体等提供专业化融资服务；防范气候变化相关金融风险，进一步推动地方金融改革创新试点；深化国际合作，积极参与全球的气候治理等。为使绿色金融更好服务碳达峰、碳中和工作，人民银行还强化与绿色低碳重点行业部门的沟通协调，鼓励金融机构为光伏玻璃生产项目、风电和太阳能发电等绿色重点领域提供金融支持。

第四节 碳达峰、碳中和目标与其他可持续发展目标的协同效应

81. 应对气候变化对减贫和消除不平等有什么意义?

消除贫困和实现平等是联合国确定的2030年可持续发展议程重要目标,尽管全球致力于减贫和消除不平等,但仍有成百上千万的人最基本的生存无法得到满足。气候变化带来的威胁给全世界消除贫困的努力带来了新的挑战,而气候变化带来的影响也在加剧着各种不平等现象。国内外多项研究证明,贫困地区与气候变化脆弱地带在地理分布上具有较高的一致性。贫困地区是气候变化的主要影响地区,气候变化通过对农业生产、水资源、生物多样性和健康等方面的影响,加剧了贫困地区面临的生态环境脆弱性,也使这些地区实现减贫面临更多困难。

采取合适的措施积极应对气候变化对于减贫和消除不平等具有重要的意义。气候变化对农业的影响,是贫困增加的主要原因。通过在贫困地区加强适应性措施和基础设施建设,将降低干旱、暴雨、洪涝等气候变化对农业生产的影响,极大减弱气候变化对贫困地区造成的负面影响。如在气候脆弱的贫困地区引入耐受性强,对生存环境要求较低的粮食作物,能增加农业产量,保证当地居民的基本生存需求,

改善贫困状况。针对贫困地区建立气候变化灾害预警机制也能发挥精准扶贫的效果。利用现代化技术监测极端气候灾害的发生，能提升贫困地区气候防灾减灾能力，有效避免因极端气候带来的人员死亡，保障农业产业发展、清洁能源开发和旅游产业发展等。

除了积极适应气候变化的影响之外，一些创新的减缓气候变化措施也能帮助实现减贫目标，如中国积极探索的光伏扶贫等项目，利用贫困地区太阳能资源禀赋，以政府全资或政府提供部分扶贫资金加银行贷款、社会捐助资金或贫困户自有资金相结合等多种模式帮助贫困户建立分布式光伏系统，并将这些清洁能源并网发电收益返还贫困户，达到精准扶贫的目的。针对农村家庭的生物能源开发利用项目也与之类似，既能实现节能减排目标，也能降低农民生活成本或增加农民收入，改善贫困人口生活条件。这些具有中国特色的应对气候变化与减贫相结合的方式，在脱贫攻坚中发挥了重要作用，减少了贫困人口，降低了地区间发展不平等，还使气候脆弱地区或农村地区的生态环境得到了极大的改善，降低了气候变化对贫困地区的影响。

82.气候变化公约与保护生物多样性公约、保护臭氧层公约之间如何协同增效?

气候变化公约指联合国大会于1992年5月9日通过的《联合国气

候变化框架公约》，该公约于1992年6月在巴西里约热内卢召开的联合国环境与发展会议期间完成签署，并于1994年3月21日正式生效。公约最重要的目标是将大气温室气体的浓度稳定在防止气候系统受到威胁的人为干扰的水平上，并应当在足以使生态系统能够可持续进行的时间范围内实现该目标。截至2016年6月底，共有197个缔约方签署该公约。

《生物多样性公约》也是联合国主导下通过的一项国际性公约，于1992年6月1日由联合国环境规划署发起的政府间谈判委员会第七次会议在内罗毕通过，和气候变化公约一同在1992年6月召开的联合国环境与发展会议期间完成签署。公约于1993年12月29日正式生效。公约的目标是保护濒临灭绝的植物和动物，最大限度地保护地球上多种多样的生物资源，以造福于当代和子孙后代。全球共有超过180个缔约方参与签署该公约。

保护臭氧层公约又称为《保护臭氧层维也纳公约》，是联合国环境规划署发起的另一项重要的国际性环境保护公约，公约于1985年3月在奥地利首都维也纳召开的保护臭氧层外交大会上通过，并于1988年正式生效。公约的基本目标是采取适当的国际合作与行动措施，以保护人类健康和环境，免受足以改变或可能改变臭氧层的人类活动所造成的或可能造成的不利影响。在2007年加拿大蒙特利尔召开的保护臭氧层会议上，共有约200个缔约方签署保护臭氧层的新协议。

气候变化和生物多样性损失以及臭氧层空洞是人类面临的严峻的全球性环境挑战，有关应对气候变化和生物多样性、臭氧空洞保护国际公约的协作在全球范围内也越来越受重视。气候稳定利于生物多样性延续，臭氧层是地球全体生物和气候的重要屏障。三个公约，三个维度，终点皆是人类命运和地球生态的可持续发展。

气候变化对生物多样性的影响以及生物多样性和生态系统在应对气候变化中的重要作用使气候变化公约与生物多样性公约关系紧密。目前，气候变化公约中纳入了许多关于生物多样性的相关议题，包括土地利用、土地利用变化和林业、减少毁林和森林退化的碳排放机制及损失和损害国际机制等；生物多样性公约中也明确指出气候变化对生物多样性的影响是其重要内容，并纳入协同增效、减少毁林和森林退化的碳排放机制和地球工程等相关议题和内容。

1987年，各缔约方共同签署了保护臭氧层公约下最具里程碑意义的《蒙特利尔议定书》，承诺将大幅削减用于气溶胶和制冷系统中的氯氟烃（CFCs）以及其他破坏臭氧层物质的生产和使用。随后数十年，所有签署议定书的国家已经淘汰了近99%的破坏臭氧层物质。受益于该协议，作为破坏臭氧层物质的替代品，氢氟碳化物（HFCs）得到广泛使用，但该物质是一种温室气体，具有非常高的全球增温潜势（GWP）。为了解决该问题，2016年，《蒙特利尔议定书》的缔约方签署了《基加利修订案》，承诺将共同削减氢氟碳化物，帮助实现《巴黎协定》确定的全球温升目标。

由于生物多样性公约和保护臭氧层公约都与应对气候变化有着密切的联系，气候变化公约与这两种公约在协调机制、交叉议题等方面的关联度也不断增强。为了更好地实现协同增效的目标，应加强公约间的协作和采取联合行动，避免目标矛盾以及浪费资源和资金。经过多年的摸索和改进，气候变化公约整体与其他两大公约不存在根本性的分歧和冲突，具有共同的目标，应推动各国在国家应对方案中统筹考虑三个公约的内容，加强对应对气候变化、保护生物多样性和保护臭氧层多重目标的兼顾。

83. 基于自然的解决方案（NBS）对实现碳达峰、碳中和目标可以发挥什么作用？

2008年世界银行发布报告《生物多样性、气候变化与适应性》，首次提出了基于自然的解决方案（Nature-based Solutions，NBS）概念，强调了保护生物多样性对于减缓和适应气候变化的重要意义。2009年世界自然保护联盟（IUCN）向联合国气候变化框架公约第15次缔约方大会提交报告，提出基于自然的解决方案指的是“通过保护、可持续管理和修复自然或改良的生态系统，从而有效和适应性地应对社会挑战，并为人类福祉和生物多样性带来益处的行动”，并建议将其纳入各国为应对气候变化制定的国家规划与战略。欧盟委员会在2015年将NBS纳入“地平线2020”（Horizon 2020）科研计划，并提出“基于自然的解决方案指的是受到自然启发、由自然支持或仿效自然的行动，主要目标是增强可持续城镇化、恢复退化的生态系统、增强适应和减缓气候变化能力、改善风险管理和生态恢复能力”。尽管定义略有差异，但简单来说NBS指的是依靠自然的力量（如应用生态系统及其服务功能）来应对包括气候变化问题在内的一系列挑战和风险，这也是相对而言成本有效的解决方案与途径。

NBS本质上与生态文明以及人与自然和谐共生理念本质相通，同依赖于技术的减排措施相比，NBS更强调生态系统的关联性，通过对自然生态系统及其内在规律的运用和管理，来增强包括广泛的基于土地的农田、森林、草地、湿地、荒漠、海洋等自然或人工生态系统发挥的碳吸收和储存能力；或并通过改善土地利用等方式来减少温室气体排放，例如，减少或避免毁林可减少碳排放，平衡施肥（精准施肥）可减少农田直接和间接氮氧化物排放，泥炭地保护避免泥炭地碳排放等。

2017年，大自然保护协会（TNC）等研究机构从全球层面提出了一套基于自然的气候解决方案（Natural Climate Solutions，NCS），包括造林、森林植被恢复、火控管理、滨海湿地恢复、泥炭地修复、保护性耕作等，并提出在2016—2030年应用基于自然的解决方案可为实现《巴黎协定》确定的2℃目标做出37%的贡献。目前，农业、林业及其他土地利用产生的温室气体排放占总排放的1/4左右，每年全球排放规模达100亿~120亿吨二氧化碳当量，通过基于自然的解决方案降低来自该领域的碳排放对于实现碳达峰和碳中和目标至关重要。除了能够帮助实现减缓气候变化目标之外，NBS还能减少气候变化带来的经济损失，相关工程和措施还具有创造就业、促进民生和减少贫困的协同效应，有助于实现其他可持续发展目标。通过保护生物多样性，改善生态系统功能、增强生态效益，还能建立可持续的粮食系统，保障粮食安全和提供健康饮食。

2019年，在联合国气候行动峰会上，中国与新西兰牵头会同其他国家和国际组织开展相关工作，并发布《基于自然的气候解决方案宣言》，推动联合国将其列为应对气候变化九大行动领域之一。在《2020年后全球生物多样性框架预稿》中也肯定了NBS对于《巴黎协定》目标的贡献。目前，很多国家都将NBS作为实现国家长期减排目标的重要组成部分。在生态文明思想的指导下，中国也在该领域发挥着引领国际合作的积极作用。

84. 为什么说降碳是大气污染治理的"牛鼻子"？

化石燃料燃烧过程不仅排放二氧化碳，也排放空气污染物，其中一些还是短期气候污染物（short-lived climate pollutants，SLCP），所以说二氧化碳与空气污染物同根同源，碳减排与大气污染治理具有很强的协通效应。

近年来，通过“大气十条”大力治理雾霾，打赢蓝天保卫战，空气质量已明显改善。2019年PM2.5未达标地级及以上城市年平均浓度40微克/立方米，比2015年下降23.1%，提前完成“十三五”目标。大气污染防治管理的制度不断健全，如煤改气、煤改电的清洁取暖价格政策等，对碳减排发挥了积极作用。在取得上述成绩的同时也必须看到，大气污染治理已进入了“深水区”，低成本的治理措施用完了，进一步治理难度加大。

2021年1月11日，生态环境部出台《关于统筹和加强应对气候变化与生态环境保护相关工作的指导意见》，要求“协同控制温室气体与污染物排放、深入打好污染防治攻坚战和二氧化碳排放达峰行动”，这意味着十四五期间，将从战略规划、政策法规、统计监测、综合管控制度等方面多管齐下，围绕碳达峰、碳中和目标，以碳减排协同推动大气环境质量向更高标准迈进。

85. 碳达峰、碳中和目标对我国参与未来国际技术经济竞争有何重要意义？

实现碳达峰、碳中和目标，需要很多行业的技术出现变革型的发展。发达国家基本都公布了碳中和目标，其背后核心是技术和经济的竞争。碳中和目标是一个旗帜，引领着各国新一代技术的研发，未来一段时间全球将进入一个能源、工业行业、交通、建筑等领域技术的变革时代。在新一代技术研发方面，欧盟、美国、日本等国家已经走在前面。欧盟将2030年的目标设置得更加严格，目的就是争取在2030年之前促使欧盟的技术超越其他国家。

在新的一轮经济变革和技术变革中，我国不能落后，否则对我国的社会经济发展非常不利。一个社会经济大国如果在技术和经济创新方面不能处在前列，是难以实现真正的领先和强大的。

技术领先国家已经在很多零碳技术研发方面进行了长期的努力，处于优势。我国由于最近才公布碳中和目标，导致很多针对碳中和的变革性技术研发没有得到重视，我们已经落后于其他国家。碳中和下需要的技术创新，以及经济转型竞争，我国不能落后。由于欧盟等发达国家在中国公布碳中和目标后，进一步加大减排力度，其技术研发会进一步提速，美国和日本等国也不会落后，留给我国的时间就很急迫。我国需要迅速在国家研发安排上做出转变，针对碳中和目标下的各个领域的技术研发提出方向性的战略安排，并利用国家研发专项安排，引导高校和科研机构进行相应的转变。更加明确企业的技术研发方向，促进企业在创新零碳技术方面在国际上保持竞争地位。我国的大型企业在碳中和目标下已经开始研究各自的碳中和路径，其中的技术研发将是他们实现碳中和路径中重要的组成部分。

一些非常重要的技术，如先进制氢技术、先进核电技术，需要国家的重大项目安排。特别是核电，我国需要加快第四代核电和核聚变的研究，在数年内投入千亿以上的资金进行研发，确保我国在未来能源领域处于全球“领头羊”地位。

86. 在碳达峰、碳中和目标下如何推进南南合作和“一带一路”建设？

南南合作指的是发展中国家之间开展的各种经济技术合作活动（因为发展中国家的地理位置大多位于南半球和北半球的南部分，因而称为南南合作），是促进发展的国际多边合作不可或缺的重要组成部分。

2013年9月和10月，中国国家主席习近平在出访哈萨克斯坦和印度尼西亚时先后提出共建“丝绸之路经济带”和“21世纪海上丝绸之路”的重大倡议，也被简称为“一带一路”倡议。推动“一带一路”建设主要依靠中国与有关国家既有的双多边机制，借助既有的、行之有效的区域合作平台，积极发展与沿线国家的经济合作伙伴关系，共同打造政治互信、经济融合、文化包容的利益共同体、命运共同体和责任共同体。截至2020年11月，中国已经与138个国家、31个国际组织签署201份共建“一带一路”合作文件。

由于“一带一路”沿线多为发展中国家，因此在“一带一路”倡议下开展的国际合作与南南合作高度重合，作为南南合作的创新型探索，“一带一路”倡议已经成为开展南南合作的典范。南南合作与“一带一路”建设的主要内容包括推动国家间的双边或多边技术合作和经济合作，加强基础设施建设、能源与环境、中小企业发展、人才资源开发、健康教育等产业领域的交流合作，气候合作是其中的重点领域，也是中国对外援助的重要组成部分。

中国已经向全世界做出力争于2030年前二氧化碳排放达到峰值的目标与努力争取于2060年前实现碳中和的庄严承诺。在这样的背景下，中国继续推动气候变化南南合作，帮助“一带一路”沿线发展中国家实现低碳发展的行动和举措备受关注。同发达国家相比，中国作为发展中大国，在探索平衡经济发展和实现碳达峰、碳中和的实践探索中更加容易被其他发展中国家借鉴与参考。中国在推动低碳转型和实现碳达峰、碳中和领域所取得的进展与所积累的知识、技术、人才和综合性解决方案都将在南南合作和推动绿色“一带一路”建设中发挥更加积极的作用。

具体而言，可以将关于碳达峰、碳中和目标的国家战略规划与应对气候变化南南合作和建设绿色“一带一路”协同。将与“一带一路”沿线发展中国家开展应对气候变化南南合作纳入“一带一路”合作框架；明确合作援助的领域、方式与规模等；推动我国绿色低碳理念与先进的低碳技术和产业借助南南合作和“一带一路”平台

“走出去”。研究制定“一带一路”沿线国家应对气候变化和实现碳减排南南合作的重点任务和需求清单，针对碳达峰和碳中和重点领域，推动低碳基础设施、低碳工业园区、低碳能源、低碳交通、低碳建筑、气候金融、低碳产品和服务贸易、低碳能力建设、低碳技术研发等领域的合作与联动发展。完善与创新“一带一路”建设与南南合作中关于气候合作的平台和机制建设。借助已有的政府间合作平台以及亚洲基础设施银行、丝路基金、中国气候变化南南合作基金等渠道，通过政府援助、国际贸易和投融资等灵活手段，动员政府、企业、国际机构和社会组织等不同利益相关方广泛参与。广泛利用和借助气候变化南南合作项目的宣传手段和平台，让国际社会更多地了解我国低碳建设的进展和成就以及气候援助内容及努力等。

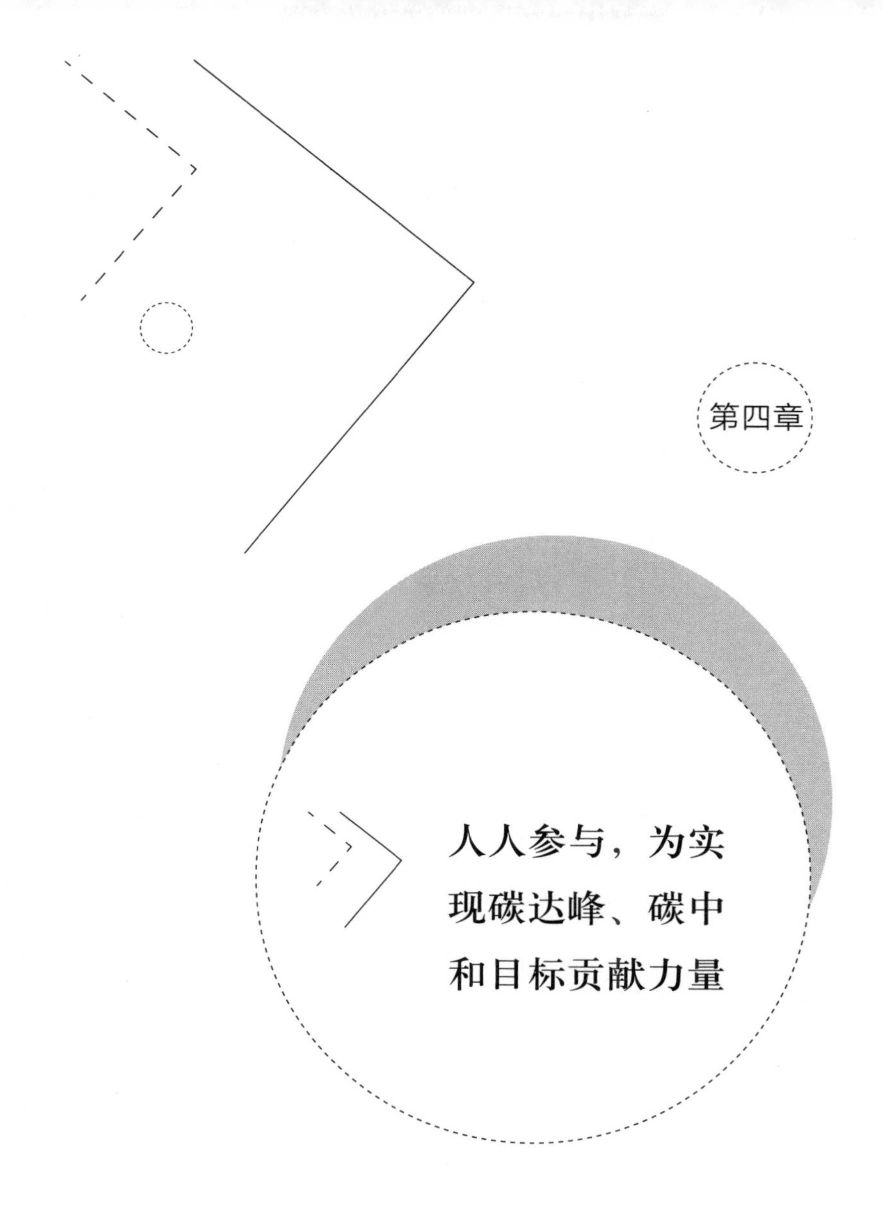

第四章

人人参与，为实现碳达峰、碳中和目标贡献力量

联合国秘书长古特雷斯曾说“疫情终将过去，但气候变化将伴随我们一生”。全球气候变化影响着每个人，应对气候变化不仅需要政府和企业行动起来，也需要消费者在衣食住行用等日常生活的各个环节发现减排潜力，行动起来，为实现碳达峰、碳中和目标贡献一分力量。

87. 什么是地球超载日？

2006年，国际民间组织“全球足迹网络”（Global Footprint Network）首次提出了“地球超载日”（Earth Overshoot Day）的概念，又被称为“生态越界日”或“生态负债日”，是指地球当天进入了本年度生态赤字状态，已用完了地球本年度可再生的自然资源总量。

地球生态超载日的计算方法是，将全球生物承载力（地球当年能够生产的自然资源总量）除以全球生态足迹（人类在这一年对资源的总需求量），再乘以365天。也就是说，人类在这天正式用完了地球一年可再生的自然资源总量，进入本年度“生态赤字”的状态。经测算，2018年的“地球超载日”为8月1日，2019年是7月29日。2020年受疫情影响，人类生态足迹收缩，“地球超载日”是8月22日，比2019年晚了24天，这也是过去几十年的首次推迟。虽然限于数据可得性，地球超载日的估算并不精确，但它直观地警告人类，生态超载可能带来资源枯竭、生态退化、灾难频发等严重后果，保护地球刻不容缓。

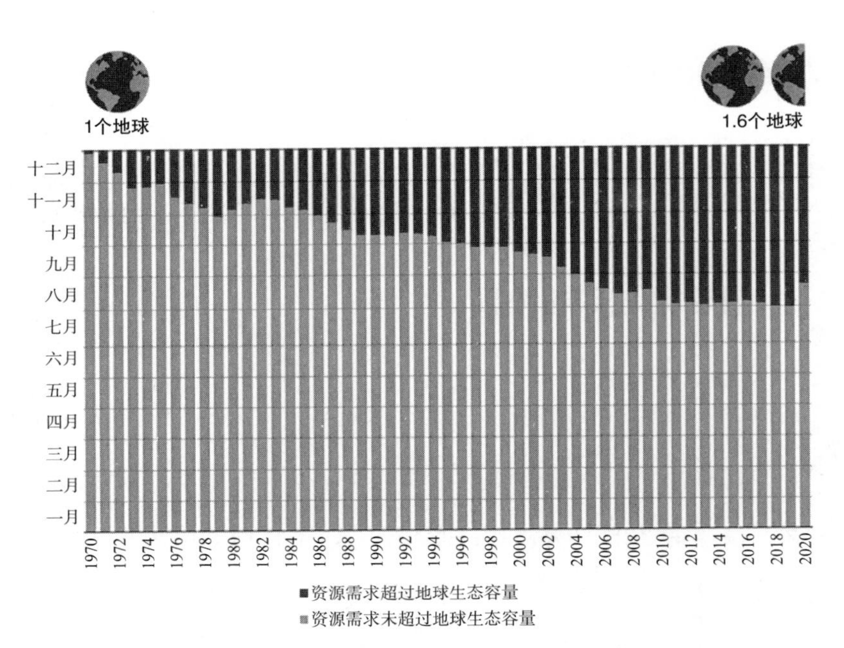

图18　地球超载日（1970—2020）

资料来源：Global Footprint Network National Footprint and Biocapacity Account 2019 Edition https://www.overshootday.org/newsroom/past-earth-overshoot-days/

88. 社会公众可以为碳达峰、碳中和目标做些什么？

社会运转离不开能源，我们的日常生活也是碳排放的重要排放源。2020年12月9日，联合国环境规划署（UNEP）发布的《2020排放差距报告》专门有一章探讨如何通过公平低碳的生活方式来弥合排放差距。按消费侧排放计算，全球约三分之二的碳排放都与家庭排放有关，而且一部分穷人不能满足基本需求，另一部分富人过度消费。全球最富有的1%人口的排放量是最贫穷的50%的人口的总排放量的两倍以上。要实现碳中和目标，需要在全球范围实现公平低碳的生活方式，到2030年需要将人均消费侧碳排放控制在2~2.5吨二氧化碳当量，到2050年进一步减少到0.7吨。生活方式的改变是持续减少温室气体排放和弥合排放差距的先决条件。

应对新冠疫情的实践给很多人带来了低碳生活的新体验，如减少出行、远程办公等，也说明迅速改变生活方式是可能的。总的来说，低碳生活方式的实现不仅需要对社会经济体系和文化习俗进行深刻的改变，还需要创造改变生活方式的必要条件，如完善支持行为改变的基础设施，提高日常生活便利度的服务，对绿色低碳生活提供激励、信息和多种选择等。

作为消费者，可以从五个层面采取行动：第一，应该加强对碳达峰、碳中和目标的认知和意识，并自觉与日常生活联系起来；第二，应该努力获取信息，了解自己的直接和间接排放，了解所购买产品的能耗和排放信息；第三，基于信息做出更好的消费选择，包括避免不必要的消费，转变消费的方式，必需的消费要尽可能降低消费产生的碳排放和环境影响；第四，要准备好为高质量、低排放的产品付出更高的价格；第五，还要积极宣传，帮助他人提高减排意识并做出更好的选择。消费者的选择可以影响到生产者，促进生产企业做出改变，从而为碳达峰、碳中和目标做出重要的贡献。

89.低碳生活是不是要过苦日子?

实现碳达峰、碳中和目标，不仅需要生产领域大力推进低碳生产，逐步实现零碳排放，还需要在生活领域倡导低碳生活，鼓励绿色消费。绿色消费是指一种以适度节制消费，避免或减少对环境的破坏，崇尚自然和保护生态等为特征的新型消费行为和过程。倡导绿色消费至少包含三层含义：一是消费时选择未被污染或有助于公众健康的绿色产品。二是在消费者转变消费观念，崇尚自然、追求健康、追求生活舒适的同时，注重环保、节约资源和能源，实现可持续消费。三是在消费过程中，注重对垃圾的处置，不造成环境污染。低碳消费是绿色消费的应有之义，更强调和注重从消费端降低碳排放。2020年初，能源基金会和《南方周末》共同发布的《家庭低碳生活与低碳消费行为研究报告》通过在全国地级市以上城市抽选3500份生活人口样本进行定量调研，并在北京、杭州、海口、武汉四座城市进行了8场定性调研发现，由于网购日益便利和快捷，36%的消费可能是不必要的购物，61%的不必要购物与网购有直接关系。低碳消费首先应从源头减少不必要消费，防止冲动消费，反对奢侈浪费。

低碳生活是一种简单、简约和俭朴的生活方式。低碳生活或许需要克制一些消费的冲动，但并不等于要降低生活品质，过苦日子。低碳生活是要从日常生活的衣、食、住、行等各个环节挖掘低碳潜力，涉及内容很广泛。低碳生活首先是减量，例如减少食物浪费、节水节电等；其次是提升能效，比如选用节能家电和节能建筑；最后是模式转变，比如从开私家车转为使用公共交通。此外，人的需求也是多层次的，在物质需求之外还有精神需求，精神层面的满足并不依赖更多的物质消费。厉行节约和反对铺张浪费作为中华民族传统美德，影响着中国人的低碳行为，客观带来了低碳生活的结果。随着生活水平的提高，勤俭节约的传统美德完全可以与低碳生活的现代价值观有机结合，追求更加健康、舒适、便捷的生活方式。

90. 新冠肺炎疫情为绿色低碳发展带来哪些启示?

2020年初至今新冠肺炎疫情肆虐，引发全球范围内的非传统安全危机，也给广受关注的全球气候变化应对带来了更多的不确定性风险。已有研究表明，人类新出现的疾病约2/3来自动物，其中超过70%来自野生动物，气候变化的加剧提高了人类与野生动物相互影响的概率，增加了疾病传播的可能性。新冠病毒的存活和传播可能受到气温、湿度、气溶胶等气候条件影响，低温、潮湿环境有利于病毒的存活，较高的大气稳定性和高浓度颗粒物有利于病毒在大气中传播。但新冠肺炎疫情暴发与气候变化的直接联系尚不清楚。虽然全球新冠肺炎疫情控制措施短期内显著减少了温室气体和气溶胶排放，但对全球气候变化的影响有限。2020年包括二氧化碳（CO_2）、甲烷（CH_4）、氧化亚氮（N_2O）在内的各类温室气体排放量可能比同期下降了5%~7%，空气质量显著改善，但并没有对全球温室气体浓度变化产生明显影响，也没有从根本上改变全球气候变暖的趋势。根据世界气象组织发布的《2020年全球气候状况报告》，2020年全球主要温室气体浓度仍在持续上升，全球平均温度较工业化前水平高出约1.2℃，是有完整气象观测记录以来的第二暖的年份（仅次于2016年）。2019年全球化石燃料CO_2排放总量高达367亿吨，创造了历史新纪录。2020年6月全球化石燃料CO_2日排放量已恢复到接近2019年水平。如果实现《巴黎协定》2℃温控目标需要在2030年前每年减少7%以上的温室气体排放，目前的减排水平远远不够。

新冠肺炎疫情大流行启示人们要更加重视人与自然的和谐共处，同时世界各国应对疫情的限制措施和效果，为研究减缓措施对长期排放的影响、未来排放情景模拟、经济转型发展、绿色经济复苏方案等都提供了思路和经验。如果说新冠肺炎疫情算一次“黑天鹅”事件，而全球气候变化则大概率属于“灰犀牛”事件，警示各国后疫情时代要走绿色经济复苏之路。

91. 什么是碳足迹？哪里有碳足迹计算器？

碳足迹（carbon footprint）的概念缘起于哥伦比亚大学提出的

“生态足迹”，主要是指在人类生产和消费活动中所排放的与气候变化相关的气体总量，相对于其他碳排放研究的区别，碳足迹是从生命周期的角度出发，分析产品生命周期或与活动直接和间接相关的碳排放过程。对于“碳足迹”的准确定义目前还没有统一，各国学者有着各自不同的理解和认识，但一般而言是指个人或其他实体（如企业机构、活动、建筑物、产品等）所有活动引起的温室气体或二氧化碳排放量，既包括制造、供暖和运输过程中化石燃料燃烧产生的直接排放，也包括产生与消费的商品和服务所造成的间接碳排放。碳足迹可以用来衡量人类活动对环境的影响，为个人和其他实体实现减排确定一个基准线。

碳足迹大致可以分为国家碳足迹、企业碳足迹、产品碳足迹和个人碳足迹四个层面。一个国家的碳足迹包括所有为了满足家庭消费、公共服务以及投资所排放的温室气体或二氧化碳；企业碳足迹主要是包括按照国际标准化组织所发布的环境标准ISO 14064核算出的企业生产活动产生的直接和间接的温室气体或二氧化碳排放；产品碳足迹是产品生命周期内产生的温室气体或二氧化碳排放，目前有多种针对产品碳足迹的计算方法，其中运用较为广泛的是英国标准协会、碳信托公司以及英国环境、食品与农村事务部联合发起的《PAS 2050：2008商品和服务在生命周期内的温室气体排放评价规范》（通常也被简称为PAS2050），这也是全球首个产品碳足迹标准；个人碳足迹则主要是针对个人或家庭的生活方式和消费行为，计算出相关的温室气体或二氧化碳排放量。

针对个人碳足迹的计算，目前已有许多网站提供了专门的“碳足迹计算器”，只要输入一定的生活数据，就可以计算出相应的“碳足迹”。

表9　国内外常见的碳足迹计算器

机　构	网　址	语言
碳足迹（carbon footprint）	https://www.carbonfootprint.com/calculator.aspx	英文
美国环境保护署（EPA）	https://www3.epa.gov/carbon-footprint-calculator/ （适用美国家庭）	英文
“保护国际”（Conservation International）	https://www.conservation.org/carbon-footprint-calculator#/	英文
大树网	http://www.dotree.com/CarbonFootprint/	中文
碳阻迹公司	https://www.carbonstop.net/carbon_calculator/standard	中文
房天下	https://cz.news.fang.com/zt/201002/czjstzj.html	中文
北京凯来美气候技术咨询有限公司	http://www.gloriam.cn/carbonfootprint_cbeex.html	中文

92. 饮食结构调整与应对气候变化有关系吗？

人为造成的温室气体排放是导致全球气候变化的主要原因，尽管研究指出工业、交通、建筑是温室气体排放主要来源，但食物作为人类赖以生存和发展的基础，饮食消费中产生的温室气体排放也不容忽视。欧盟委员会发布的研究报告显示，人类饮食产生的温室气体排放占全球温室气体排放总量的29%。其中农业部门是主要的碳排放来源和最大的非二氧化碳温室气体排放源。饮食结构导致的碳排放不仅来源于农业生产部门，还包括农业生产所需的物质投入隐含的碳排放和食品加工、运输、仓储等环节带来的直接和间接排放。

随着工业化、城市化、全球化和国际贸易的发展，许多国家的饮食结构和生活方式发生了显著的变化。全球饮食结构不断发生着改变，但在不同国家间，变化趋势并不同步。饮食结构的变迁受多种因素影响，包括收入、价格、个人偏好、文化传统以及地理、环境、社会及经济等，并会进一步对食物消费模式产生影响。就全球范围来看，饮食结构的巨大变化首先出现在工业化国家和地区，并逐渐影响到发展中国家。过去的饮食结构主要以新鲜的、以植物为主的未加工食品为基础，食品消费总量也相对较低；但现在逐渐转为以富含糖分、高脂肪含有大量动物成分的加工食品为主，消费总量也在不断提高。粮农组织统计数据库的数据表明，表中列出了2011年和1961年世界13种主要消费食物人均消费量的变化情况。结果显示，世界范围内，动物性食物人均消耗量和植物性食物的人均消耗量均呈上升趋势，其中植物性食物人均消耗水平增加较大，但全球每日人均大卡数衡量的膳食热能一直在稳步上升。

表10 世界13种主要消费食物1961年与2011年人均消费量比较

（单位：kg/人·年）

	1961	2011
大米	27.88	36.78
小麦	52.61	62.32
玉米	20.83	23.82
豆类	6.75	7.21
水果	62.98	87.18
蔬菜	48.01	80.27
牛肉	11.35	11.39
羊肉	4.17	2.92
猪肉	6.7	12.7
禽肉	2.71	21.49
蛋类	3.51	6.34
奶类	50.82	51.34
水产品	11.82	20.58

资料来源：王月，《中国膳食碳排放及其与国外的比较研究》，中国医科大学2019年博士学位论文

很多研究比较了不同食物的碳足迹，发现动物性食物的碳足迹远大于植物性食物，蛋白质类食物中牛奶比鸡蛋的碳足迹低，肉类中鸡肉和猪肉较低而牛羊肉较高。其中，羊肉的碳足迹最高，每消费1公斤的羊肉大约要释放8.34公斤的二氧化碳；蔬菜水果的碳足迹则普遍较低，而蔬菜中菜花较高白萝卜较低，1公斤的白萝卜约产生0.014公

斤的二氧化碳，与羊肉相差约600倍。此外，水果中橘子碳足迹较低，谷物中的玉米碳足迹较低而大米碳足迹较高，植物油中豆油较低而菜籽油较高，糖类中的甜菜糖较低蔗糖较高。牛津大学一项针对饮食的研究表明，富含肉类的饮食所产生的二氧化碳排放量是素食饮食的两倍，针对样本人群饮食情况的测算结果发现肉类饮食每天排放的二氧化碳是7.2公斤，而素食饮食每天排放的二氧化碳是3.8公斤。生产动物类食品所需要的能源消耗是使用时所能提供营养的4~40倍：用于饲养动物的粮食类饲料如果被人类直接消费，可增加约20亿吨的粮食产量。食物商品的长距离流动和加工包装所带来的温室气体排放与不可再生资源的消耗量同样惊人。

随着全球饮食结构的调整，国际上人均肉类消费量已经超过健康水平，预计到2050年还会再上升76%。这对于全球人口健康以及地球环境都造成了严重的威胁。美国人均肉类摄入量是健康专家建议水平的3倍。其他工业化国家人均肉类消费也远远超过建议水平，日益增加的肥胖、癌症、Ⅱ型糖尿病等非传染性疾病的多发与此密切相关。目前，中国的肉类消费低于西方，但中国肉类生产水平、国内消费以及出口等也在不断增长。1978年，中国生产了850万吨肉类产品。2011年已经达到7950万吨，年均增长率达到6.93%。如果从健康的角度出发，根据膳食平衡的原则，按照各类食物的建议摄入量减少动物性食物的摄入水平，可以改变动物性食物结构，避免摄入过多带来的肥胖、高脂血症、高血压等慢性病，同时也能减少膳食导致的碳排放，为保护地球生态环境做出贡献。此外，在饮食结构中，还应多购买本地食材，减少食物运输距离，也能降低运输过程中产生的碳排放。食物应尽量选择新鲜食材，少吃加工食品，加工食品不仅对健康有影响，其加工过程中也会产生可观的碳排放量。

93. 每年食物损耗和浪费会导致多少碳排放？

随着全球人口的持续快速增长和农业科技边际产出持续下降，食物损耗和浪费成为各方都关注的全球性问题。食物生产涉及对水资源、土地资源、农业投入品（例如肥料、农药等）的大量使用，也会产生大量温室气体排放。在所有类型的人类浪费产生的环境影响中，由饮食造成的环境影响可以占据其中的20%~30%，因此减少食物损耗和浪费已经成为应对气候变化、保障粮食安全和保护生物多样性损失的重要战略选择。

根据联合国粮农组织（FAO）统计，全球有1/3本来用于人类食用的食物被损耗和浪费掉了，这种食物的损耗和浪费存在于食物生产与消费系统的全供应链。《浪费食物碳足迹》报告揭示每年全球食物损耗和浪费量约为13亿吨，损耗与浪费的粮食在整个生命周期所产生的碳排放当量为36亿吨，相当于全球第三大温室气体排放国。而这一数字还不包括森林退化或者食物损耗与浪费相关的有机土壤处理所产生的8亿吨碳排放，若将全部碳排放进行加总，相当于全球道路交通排放的87%。食物浪费不仅意味着食物生产时资源投入的无效消耗和温室气体的大量排放，且废弃食物在不同的处理方式下会产生大量温室气体，加剧气候变化。与食物损耗与浪费相关的温室气体主要有二氧化碳、甲烷和一氧化氮。食物损耗与浪费加剧气候变化的路径包括：食物从生产到消费中的无效化学品投放，养殖业相关的无效排放（例如饲料生产加工，反刍动物的肠道发酵，粪便存储和处理）和废弃食物处理（例如焚烧、堆肥、生物柴油、沼气和饲料生产）等。废弃食物的处理方式，例如焚烧、堆肥、生物柴油、沼气和饲料生产等，最终会生成大量的甲烷和二氧化碳气体，而对其进行填埋处理可增加8%的温室气体排放。全欧洲每年有1亿吨食物被填埋，食物在分解腐烂的过程中释放的二氧化碳当量约为227吨，相当于整个西班牙化石燃料的排放量。

中国对食物损耗和浪费的研究起步较晚，各研究机构对于食物损耗和浪费的统计结果差异较大，但总体可以看出，发生在中国的食物损耗与浪费也已经不容忽视。根据绿色和平与中华环保联合会共同开展的“国内外废弃食物产生与再利用模式研究与倡导”项目估算，中国每年食物损耗和浪费量达到1.2亿吨，与其他研究结果相比，该统计量较小，但同样揭示2013—2015年发生在餐桌上的食物浪费量，足以喂饱北京、上海两座城市的总常住人口。因此减少食物损耗与浪费，将对实现碳达峰和碳中和目标发挥重要的促进作用。

94. 瓶装水对环境有什么影响?

瓶装水指的是包装于瓶子内，用于个人使用和零售的饮用水。瓶装水便利的可携带性，推动其成为现代生活中相当普及的饮品形式。每年全世界饮用水总销量中，瓶装水所占比例超过了10%。2019年我国瓶装水市场规模达到1999亿元，2014—2019年的年均复合增长率高达10.08%，已经成为全球最大的瓶装水生产和消费国。

但在瓶装水提供便利性的背后，是大量一次性使用后被抛弃的塑料或其他材质包装品，这意味着从水源到最后消费的漫长供应链以及最后的处理过程中对生态环境造成了极大的破坏，还产生了大量的碳排放。

瓶装水的包装瓶生产过程将消耗大量资源，有研究机构针对瓶装水的环境足迹开展研究，发现瓶装水的生产过程包括生产塑料瓶、加工水源、贴标签、装瓶、封口、运输和冷藏等多个环节。单就塑料瓶的生产来看，每年就将消耗超过千万桶石油。根据美国机构太平洋研究所开展的一项研究，综合所有的能源投入总量进行核算生产瓶装水需要的能耗强度（单位产值能耗）为5.6~10.2MJ/L（兆焦尔/升水），相当于生产自来水能源成本的2000倍。生产塑料瓶所用的材质（polyethylene terephthalate，聚对苯二甲酸乙二醇酯，PET）一般都是一次性使用，据估算制造每吨PET约会产生3吨碳排放。瓶装水生产之后的运输过程则是另一个碳密集环节，进口瓶装水在运输过程中所消耗的能源甚至超过了生产所需的能源总量。

塑料制作的包装瓶还面临一个严峻的环境问题，就是使用之后的处理与再利用问题。全球范围内，关于瓶装水的塑料包装瓶的回收率都相当低，还不到一半。即便是通过正规渠道回收再生的塑料颗粒也很难达到食品安全标准，再生颗粒大多以环保材料的形式流向纺织业、塑料加工业等。而大量废弃的塑料瓶进入垃圾填埋场、废物焚烧站，或干脆被直接抛弃到生态系统中。然而，塑料很难完成生物降解过程，需要通过漫长的时间进行非生物降解，并在此过程中释放出有害气体影响人体健康和污染环境。无法通过回收再利用的一些塑料瓶还会进入海洋，污染海洋生态系统。在全球海岸线污染物的清理过程中，发现大部分海洋塑料污染物都是废弃的瓶装水外包装瓶。海洋生态系统中的动物也会因为误食塑料产品影响健康与生存。

为了避免瓶装水带来的环境危害，大家应该尽量使用可重复利用的水瓶，这样不仅有助于保护环境，而且从长远角度还有助于节省资金。如果无法使用可重复利用的水瓶，也请确保正确处理塑料水瓶，在使用之后将废弃的塑料水瓶放入可回收垃圾的垃圾桶中，如果没实行垃圾分类的话，至少也应丢入普通的垃圾桶，而不要将其直接弃置于生态系统中。

95.服装浪费导致多少碳排放?

全球每年生产的服装数量达到1000亿件，其中50%在一年内就可能被遗弃。在英国，2017年约2.35亿件不需要的衣服被倾倒在英国垃圾填埋场，而美国人平均每年估计将扔掉37公斤的旧衣物。过度消费和不必要的衣物处理已经成为一个令人担忧的全球性问题。时尚成为世界上污染最严重的行业之一，不仅服装印染使用化学品排放污水，废弃服装产生大量垃圾，还排放大量温室气体。据艾伦麦克阿瑟基金会数据，2000年至2015年间全球衣物的销售量从500亿件增长到1000亿件，而同期每件衣物穿着的次数下降25%。2010年至2030年间，全球对天然和人造纺织纤维的需求将增长84%；纺织品生产每年排放12亿吨温室气体，超过所有国际航班和海运排放的总和。每年我国大约生产570亿件衣服，其中约73%的衣服的最终命运是被填埋。

96.实施垃圾分类管理对低碳社会建设有什么意义?

随着经济发展水平和人民生活水平的提升，产生的生活垃圾规模也日趋增多——根据中国城市环境卫生协会统计，2019年我国城市生活垃圾清运量高达2.42亿吨。未经处理的生活垃圾将对土壤环境、大气环境、水环境和城市环境等造成严重的污染问题，而在垃圾的收集、运输和处理等各环节均涉及相应的能源消耗并产生碳排放。如城市生活垃圾中的厨余垃圾在没有进入收集系统之前就会因为发酵腐烂产生大量的二氧化碳排放，运输垃圾也会因为消耗化石燃料而产生碳排放。垃圾焚烧过程中往往需要添加化石燃料来助燃，如添加煤炭、辅助燃油、点火用油等，这也会在燃烧过程中产生二氧化碳排放，垃圾自身燃烧也会产生二氧化碳和二氧化氮等温室气体和空气污染物排放，焚烧厂贮坑中的垃圾产生渗沥液在厌氧发酵过程中还会产生甲烷等其他温室气体。传统的垃圾填埋处理方法同样也会带来可观的温室气体排放，如填埋过程中产生的甲烷以及填埋渗沥液中产生的二氧化氮和其他含碳气体等。联合国政府间气候变化专门委员会（IPCC）发布的一系列评估报告也明确指出垃圾处理过程中产生的二氧化碳和甲烷排放等已经成为人为温室气体排放的重要来源。因此提高垃圾的处理效率将能有效减少与之相关的碳排放。

垃圾分类指按一定规定或标准将垃圾分类储存、分类投放和分类搬运，从而转变成公共资源的一系列活动的总称。分类的目的是提高垃圾的资源价值和经济价值，力争物尽其用。常见的垃圾可分为居民生活垃圾、集市贸易与商业垃圾、公共场所垃圾、街道清扫垃圾、医疗等特种垃圾等，包括有固态废物、半固态废物、液态废物和气态废物四种形态。固态废物，如生活垃圾废家电；半固态废物，如污泥、底泥；液态废物，如废酸、废油，但是不包括排入水体的废水；置于容器中的气态的废物，如废煤气罐、废氢气罐。此外，建筑垃圾也是常见的垃圾种类之一。建筑垃圾会对环境造成极大的破坏，但同时具有极高的回收利用价值，因此建筑垃圾最好的处理方式是分类回收后进行分拣、剔除或粉碎，作为再生资源重新利用。实行垃圾分类后，可针对不同类型的垃圾安排合理的处理方式，增加回收利用效率，减少碳排放。以回收利用价值相对较高的厨余垃圾为例，根据相关研究，通过土地利用，厨余垃圾厌氧处理后的沼渣所含碳可以固定在土壤中或被植物利用。如果将沼渣焚烧掉，则这部分碳将转为碳排放，1公斤沼渣中的碳将产生3.6~3.7公斤的碳排放，按照一个城市的垃圾处理项目800吨/天的处理规模计算，如果沼渣全部焚烧，则仅此一项就会增加二氧化碳排放约10万吨/年。另外，将源头分类好的垃圾进行处理后可以生产绿色天然气，并替代化石燃料，此举也将大幅减少碳排放量。

低碳社会旨在通过创建低碳生活，发展低碳经济，培养可持续发展、绿色环保、文明的低碳文化理念，形成具有低碳消费意识的和谐社会。通过垃圾分类管理，能够提高垃圾的资源价值和经济价值，还能有效改善城乡环境，实现碳减排，因此有利于我国生态文明和低碳社会建设水平的进一步提高。

97. 哪种交通方式最绿色低碳？

交通出行已经成为现代人日常生活中必不可少的一部分，人们在享受快速、便利以及多样化的交通出行服务时，也推动来自交通领域的碳排放规模不断提高。选择绿色低碳的出行方式，在兼顾出行效率的同时能有效节约能源、减少污染，也能有益健康。

不同交通出行方式消耗的能源和产生的二氧化碳排放量不同。根据中国环境与发展国际合作委员会可持续交通课题组测算：公共汽车每百公里的人均能耗仅为燃油小汽车的8.4%，而地铁则大约是燃油小汽车的5%。如果有1%的个人小汽车出行转乘公共交通，全国每年节省燃油0.8亿吨，按汽油碳排放系数0.5538计算，减少碳排放0.44亿吨二氧化碳。

澳大利亚明智交通研究所（Institute for Sensible Transport）根据墨尔本市的实际数据不仅测算了不同交通工具的平均碳排放，还研究了交通工具人均占用面积。

表10　澳大利亚墨尔本不同交通方式的碳排放和占用面积

	碳排放（克/人–公里）	占用面积（平方米/人）
一般汽油轻型车	243.8	9.7
性能最优电动车（维多利亚电网供电）	209.1	9.7

续表

	碳排放 （克/人–公里）	占用面积 （平方米/人）
汽油车（双人乘坐）	121.9	4.9
摩托车	119.6	1.9
火车	28.6	0.5
有轨电车	20.2	0.6
汽油公交车	17.7	0.8
性能最优电动车（绿色电源）	0	9.7
自行车	0	1.5
步行	0	0.5

需要强调的是，电动汽车不是应对气候变化的灵丹妙药。在现有电网供电的情况下，电动汽车相比燃油汽车，碳排放略低，占用面积相当，似乎减排潜力不大，但减少本地污染物的环境效益显著。随着未来电力系统的绿色转型，采用绿色电源才能实现零排放，交通电气化仍然是实现碳中和的重要途径。

总之，提倡绿色低碳出行，首先是减少不必要出行。随着现代互联网技术发展，视频会议交流方便快捷，远程办公成为可能。新冠疫情防控极大地促进了远程办公和线上活动，大大减少了交通出行需求。其次对于短距离出行，最好选择零碳排放的步行或自行车。城市内长距离出行，尽量搭乘相对低碳的公交车或地铁。使用家用汽车，提倡购买电动汽车或小排量汽车。城市间交通，高铁是不错的选择。

98. 女性对实现碳达峰、碳中和目标能发挥什么作用？

性别平等是社会文明进步的标尺，是2030年可持续发展议程的重要目标之一。在应对气候变化领域，实现碳达峰、碳中和目标，女性可以发挥不可或缺的重要作用。

一方面，女性相对男性对气候变化的不利影响具有更高的脆弱性。在全球气候变化加剧的背景下，女性的社会角色意味着女性需要花费更多的劳动力去应对气候变化和极端灾害，更容易受到生计不稳定的影响。而且在现实生活中，女性往往缺乏应对气候变化和气象灾害的相应设施和技术，缺乏参与应对决策的机会和机制。因此，女性受气候变化和气象灾害的影响较大。而另一方面，女性作为维持家庭生计和保障生计安全的主要承担者，在日常生活中操心家庭的衣食住行用的方方面面，对于适应本地气候与环境条件有着更多的知识和理解。比如水资源管理、土壤肥力实践、放牧系统恢复、可持续森林管理以及基于生态系统的土地管理等，都有当地特有的一些好的做法。对于环境条件有限，正规数据采集有限的地方，长期积累的本土知识和民间智慧具有特殊的价值，也更能因地制宜地提出适应和减缓气候变化切实可行的解决方案。因此，女性不仅是气候变化影响的脆弱群体，也是应对气候变化的重要贡献者和受益者，应该赋予女性更多的参与权和决策权。

随着我国妇女事业的发展，妇女在经济社会发展中的半边天作用日益彰显。然而，我国农村留守女性人口超过5000万人，占农村劳动力人口的2/3左右。在我国中西部农村地区，由于经济社会发展水平不高，大量的男性劳动力外出打工，女性承担了更多的生产性角色，在生计方面更依赖于自然资源的女性也比男性更显著地受到气候变化的不利影响。我国女性占世界女性总人口的1/5左右，我国在气候行动性别平等方面的努力是对世界的重要贡献。实现碳达峰、碳中和目标需要全社会共同努力，应推动性别与气候变化领域相关政策、法规的制定，从源头上鼓励和保障女性在气候变化领域参与、贡献、决策和管理的权利，提高女性参与气候行动的意识，通过宣传培训加强能力建设，使女性为实现碳达峰、碳中和目标做出更大贡献的同时争取更多的发展机会。

99. 青年人对实现碳达峰、碳中和目标能发挥什么作用?

碳达峰、碳中和目标体现了我国积极应对全球气候变化的决心与雄心。作为未来时代发展的主力军，青年群体应该积极采取行动参与到气候治理中，发出青年声音，助力我国的碳达峰、碳中和目标的早日实现。

主动获取气候变化知识。青年人可以通过选修环境与可持续发展相关课程、关注气候变化相关新闻政策、参加论坛等方式主动涉猎碳排放与气候变化相关知识，增加对我国碳达峰、碳中和目标的了解，并通过日常交流、网络社交等形式向身边的家人、朋友传播气候变化知识，提高全社会对碳排放的关注，推动形成节能减排的社会意识。

减少个人碳足迹。青年人应减少日常生活中产生的碳足迹，量入为出，适度消费，绿色消费；选择自行车、公共交通等绿色环保的出行方式；践行“光盘”理念，减少粮食浪费；主动进行生活垃圾分类；改善饮食结构，多吃素食等，以身作则并用积极行动影响他人，减少碳排放。

积极采取气候行动。青年在国际气候谈判中的观察者角色不容忽视，也是气候赋权行动计划实施的重要目标群体。青年人应将知识理念落实到气候治理行动中，通过参与大学生环保社团、《联合国气候变化框架公约》缔约方大会青年代表团、环境与气候变化相关非政府组织（NGOs）项目、气候变化领域学术机构科研实践等方式表达青年态度，提升青年应对气候变化领导力，发挥青年在气候行动中的重要作用。

100.传媒对实现碳达峰、碳中和目标能发挥什么作用?

气候传播是指将气候变化信息及其相关科学知识为社会与公众所理解和掌握，并通过公众态度和行为的改变，以寻求气候变化问题解决为目标的社会传播活动。

最早有关人类活动对气候变化影响的报道可追溯到1932年在美国《纽约时报》上刊登的一条新闻。随着气候变化科学研究的发展，20世纪80年代以来，气候传播逐渐从环境传播中分离出来，成为一个独立的传播领域。近年来，国际社会对气候变化问题的关注度不断升温，气候传播围绕两条主线展开，一是气候变化科学事实的传播，二是对气候变化治理机制和进展的追踪。气候传播的主体、议题、开展的活动及相关研究，从数量到质量都有了显著提升，各国政府逐渐认识到气候传播的重要性。由于气候变化问题的复杂性，气候传播的专业性不断增强，“专业知识阐释型传播”不仅需要有国际视野、专业水准，还要贴近大众，喜闻乐见。

中国气候传播发展有十余年历史。中国已成为全球气候治理中的重要参与者、贡献者和引领者，社会公众对气候变化问题的关注度逐年提高。除传统“国家队”媒体之外，网络新媒体纷纷加入报道气候变化的行列，企业和NGOs代表也频频在国际场合发声。中国自2011年德班会议COP17连续举办中国角边会系列活动，向国际社会展示中国应对气候变化的政策和行动，取得积极成效。

围绕实现碳达峰、碳中和目标，气候传播对提高公众意识，促进行为转变至关重要，在监督企业和政府碳达峰、碳中和相关政策实施和目标落实等诸多方面也可以发挥重要作用。

缩略词索引

5G	第五代移动通信技术
AFOLU	农业、林业和其他土地利用
APEC	亚太经济合作组织
APPC	中国达峰先锋城市联盟
Ar	氩气
AR4	（IPCC）第四次评估报告
AR5	（IPCC）第五次评估报告
AR6	（IPCC）第六次评估报告
BECCS	生物质能源耦合碳捕集和封存
BP	英国石油公司
BRI	“一带一路”倡议
C_2H_4	乙烯
C_7H_8	甲苯
CAIT	（WRI开发的）气候分析指标工具
CCS/CCUS	碳捕集与封存/碳捕集、利用与封存技术
CDIAC	美国橡树岭国际实验室碳信息分析中心

CDR_S	碳移除
CFC_S	氯氟烃
CH_3OH	甲醇
CH_4	甲烷
CO	一氧化碳
CO_2	二氧化碳
COP	缔约方大会
DAC	直接空气捕获技术
DACCS	直接从空气中捕集和封存
EDGAR	全球大气研究排放数据库
EIA	（美国）能源信息管理局
ENSO	厄尔尼诺–南方涛动
EPA	（美国）联邦环保局
EU ETS	欧盟排放交易体系
FAO	联合国粮农组织
FAR	（IPCC）第一次评估报告
G20	二十国集团
GAW	全球大气观测网
GCP	全球碳项目
GDP	国内生产总值
GW	吉瓦（100万千瓦）

GWP	全球增温潜势
H_2O	水（蒸汽）
HFCs	氢氟碳化物
IEA	国际能源署
IPCC	政府间气候变化专门委员会
ISO	国际标准组织
IUCN	世界自然保护联盟
kWh	千瓦小时
MW	兆瓦（1000千瓦）
N_2	氮气
N_2O	氧化亚氮
NBS	基于自然的解决方案
NCS	基于自然的气候解决方案
NDCs/INDCs	国家自主贡献/预期的国家自主贡献
NETs	负排放技术
NGOs	非政府组织
NH_3	合成氨
O_2	氧气
OECD	经济合作与发展组织
PBL	荷兰环境评估署
PET	聚对苯二甲酸乙二醇酯

PFCs	全氟化碳
PM2.5	细颗粒物
ppm	百万分之一
RGGI	（美国）区域温室气体减排行动
SAR	（IPCC）第二次评估报告
SDGs	可持续发展目标
SF_6	六氟化硫
SLCP	短期气候污染物
SRM	太阳辐射管理
TAR	（IPCC）第三次评估报告
tCO_2eq	吨二氧化碳当量
TNC	大自然保护协会
UNEP	联合国环境规划署
UNFCCC	联合国气候变化框架公约
WMO	世界气象组织
WRI	世界资源研究所
WWF	世界自然基金会

参考文献

《第三次气候变化国家评估报告》编写委员会.第三次气候变化国家评估报告［M］.北京：科学出版社，2015.

European Commission. 2030 Climate Target Plan. [R/OL] . [2021-2-12] . https://ec.europa.eu/clima/sites/clima/files/eu-climate-action/docs/com_2030_ctp_en.pdf

European Commission. The European Green Deal [R/OL] . (11-12-2019) [2021-2-14] . https://eur-lex.europa.eu/legal-content/EN/TXT/HTML/?uri=CELEX:52019DC0640&from=EN

Hugh. Environmental Impact of Plastic Bottles & Bottled Water (Facts) [EB/OL] . https://get-green-now.com/environmental-impact-plastic-bottled-water，2019.3.24

IEA. Methane Tracker 2021: Helping tackle the urgent global challenge of reducing methane leaks. [R/OL] . [2021-2-12] . https://www.iea.org/reports/methane-tracker-2021

IEA. The Oil and Gas Industry in Energy Transitions-World Energy Outlook special report 2020 [R/OL] . [2021-2-12] . https://

www.iea.org/reports/the-oil-and-gas-industry-in-energy-transitions

IPCC. Climate Change 2013: The Physical Science Basis. Contribution of Working Group I to the Fifth Assessment Report of the Intergovernmental Panel on Climate Change [Stocker, T.F., D. Qin, G.-K. Plattner, M. Tignor, S.K. Allen, J. Boschung, A. Nauels, Y. Xia, V. Bex and P.M. Midgley (eds.)]. Cambridge University Press, Cambridge, United Kingdom and New York, NY, USA, 2013, pp.1-30.

IPCC. Summary for policymakers. In: Climate Change 2014: Impacts, Adaptation, and Vulnerability. Part A: Global and Sectoral Aspects. Contribution of Working Group II to the Fifth Assessment Report of the Intergovernmental Panel on Climate Change [Field, C.B., V.R. Barros, D.J. Dokken, K.J. Mach, M.D. Mastrandrea, T.E. Bilir, M. Chatterjee, K.L. Ebi, Y .O. Estrada, R.C. Genova, B. Girma, E.S. Kissel, A.N. Levy, S. MacCracken, P .R. Mastrandrea, and L.L. White (eds.)]. Cambridge University Press, Cambridge, United Kingdom and New York, NY, USA, pp. 1-32.

IPCC. Summary for Policymakers. In: Climate Change 2014: Mitigation of Climate Change. Contribution of Working Group III to the Fifth Assessment Report of the Intergovernmental Panel on Climate Change [Edenhofer, O., R. Pichs-Madruga, Y. Sokona, E.

Farahani, S. Kadner, K. Seyboth, A. Adler, I. Baum, S. Brunner, P. Eickemeier, B. Kriemann, J. Savolainen, S. Schlömer, C. von Stechow, T. Zwickel and J.C. Minx (eds.)] . Cambridge University Press, Cambridge, United Kingdom and New York, NY, USA.

IPCC. Summary for Policymakers. In: Climate Change and Land: an IPCC special report on climate change, desertification, land degradation, sustainable land management, food security, and greenhouse gas fluxes in terrestrial ecosystems [P.R. Shukla, J. Skea, E. Calvo Buendia, V. Masson-Delmotte, H.- O. Pörtner, D. C. Roberts, P. Zhai, R. Slade, S. Connors, R. van Diemen, M. Ferrat, E. Haughey, S. Luz, S. Neogi, M. Pathak, J. Petzold, J. Portugal Pereira, P. Vyas, E. Huntley, K. Kissick, M. Belkacemi, J. Malley, (eds.)] . In press. https://www.ipcc.ch/srccl/chapter/summary-for-policymakers/

IPCC. Summary for Policymakers. In: Global Warming of 1.5° C. An IPCC Special Report on the impacts of global warming of 1.5° C above pre-industrial levels and related global greenhouse gas emission pathways, in the context of strengthening the global response to the threat of climate change, sustainable development, and efforts to eradicate poverty [Masson-Delmotte, V., P. Zhai, H.-O. Pörtner, D. Roberts, J. Skea, P.R. Shukla, A. Pirani, W. Moufouma-Okia, C.

Péan, R. Pidcock, S. Connors, J.B.R. Matthews, Y. Chen, X. Zhou, M.I. Gomis, E. Lonnoy, T. Maycock, M. Tignor, and T. Waterfield (eds.)] . World Meteorological Organization, Geneva, Switzerland, 2018, p.32.

IPCC. Summary for Policymakers. In: IPCC Special Report on the Ocean and Cryosphere in a Changing Climate [H.-O. Pörtner, D.C. Roberts, V. Masson-Delmotte, P. Zhai, M. Tignor, E. Poloczanska, K. Mintenbeck, A. Alegría, M. Nicolai, A. Okem, J. Petzold, B. Rama, N.M. Weyer (eds.)] . In press. https://www.ipcc.ch/srocc/chapter/summary-for-policymakers/

Lemoine, D. 2012. Abrupt changes: To what extent are tipping points a concern in coping with global change? PAGES news [J] . 20 (1) :42.

Levin, K., and D. Rich. Turning Points: Trends in Countries' Reaching Peak Greenhouse Gas Emissions over Time. [R/OL] . Working Paper. World Resources Institute, Washington D. C. [2021-2-14] . https://www.wri.org/publication/turning-points-trends-countries-reaching-peak-greenhouse-gas-emissions-over-time

Olivier J.G.J. and Peters J.A.H.W. Trends in global CO_2 and total greenhouse gas emissions: 2020 report. [R/OL] . PBL Netherlands Environmental Assessment Agency, The Hague. https://www.pbl.nl/

en/publications/trends-in-global-co2-and-total-greenhouse-gas-emissions-2020-report

Our World in Data. Annual CO2 emissions per country [R/OL] . [2021-02-14] . https://ourworldindata.org/grapher/annual-co2-emissions-per-country?tab=chart

Timothy M. L., Johan R., Owen G., et al. Climate tipping points- too risky to bet against. Nature [J] . 2019 (575) :592-595.

UNFCCC. NDC Registry (interim) . [R/OL] . [2021-2-14] . https://www4.unfccc.int/sites/NDCStaging/Pages/Home.aspx

United Nations Environment Programme (UNEP) . 2020. Emissions Gap Report 2020. [R/OL] . Nairobi. [2021-2-14] . https://www.unenvironment.org/zh-hans/emissions-gap-report-2020

巴黎可持续发展与国际关系研究所(IDDRI).天然气和气候承诺，两个不可调和的因素？ [R/OL] .(2019-01) .参见ERR能研微讯研究团队的全文翻译(2019-05-25) [2021-2-14] https://mp.ofweek.com/smartocean/a345683820106

白·莉莉.中国的高铁到底有多环保？ [R/OL] .中外对话.(2019-04-05) . [2021-2-14] . https://chinadialogue.org.cn/zh/4/44158/

不同交通工具出行背后的真相，你了解吗？ [R/OL] .搜狐网，(2018-06-08) [2021-02-14] https://www.sohu.com/a/236149981_676156

曹红艳.“十三五”我国生态环境质量总体改善［N/OL］.中国经济网，(2020-10-22)［2021-2-12］. http://paper.ce.cn/jjrb/html/2020-10/22/content_430474.htm

曹红艳.实现碳达峰“十四五”是关键［N/OL］.经济日报.(2021-01-18)［2021-02-14］. http://www.gov.cn/xinwen/2021-01/18/content_5580590.htm

柴麒敏，李墨宇.新型基础设施建设对重点行业碳排放的影响评估［M］.//谢伏瞻，刘雅鸣.应对气候变化报告2020.北京：社科文献出版社，2020.

巢清尘，刘昌义，袁佳双.2014.气候变化影响和适应认知的演进及对气候政策的影响［J］.气候变化研究进展，2014，(3)

陈迎. 2019. 全球“弃煤”进程前景与我国的应对策略［J］.环境保护，2019（2）.

邓旭，谢俊，滕飞.2021.何谓“碳中和”?[J].气候变化研究进展，2021，17（1）：107–113.

丁一汇.气候变化［M］.北京：气象出版社，2010.7

丁一汇.气候变化科学问答［M］.北京：中国环境出版社，2018.1

杜祥琬.我国碳排放总量有望提前达峰［J］.环境与生活，2018（Z1）：88–89

封红丽.可再生配储能症结如何破局？［J］.能源，2021-01-15

高翔.中国应对气候变化南南合作进展与展望［J］.上海交通大学学报（哲学社 会科学版），2016，24（1）：38–49.

国家统计局.中华人民共和国2019年国民经济和社会发展统计公报.［R/OL］（2020–02–28）［2021–02–14］. http://www.stats.gov.cn/tjsj/zxfb/202002/t20200228_1728913.html

国金证券："新基建"的体量到 底有多大［R/OL］.新浪财经.（2020–03–12）［2021–02–15］. http://finance.sina. com.cn/stock/hyyj/2020–03–12/dociimxyqvz9791194.shtml

国民经济和社会发展"十一五"规划纲要［R/OL］.中国新闻网 .（2006–03–16）［2021–02–15］. https://www.chinanews.com/news/2006/2006–03–16/8/704064.shtml

国民经济和社会发展第十二个五年规划纲要［R/OL］.中央政府门户网站，（2011–03–16）［2021–2–15］. http://www.gov.cn/2011lh/content_1825838.htm

国务院新闻办公室.新时代的中国能源发展白皮书［R/OL］. 中央政府门户网站，（2020–12–21）［2021–2–15］. http://www.gov.cn/zhengce/2020–12/21/content_5571916.htm

国新办举行绿色金融有关情况吹风会.国新网［R/OL］.（2021–02–09）［2021–02–15］. http://www.scio.gov.cn/m/xwfbh/xwbfbh/wqfbh/44687/44900/index.htm

韩一元.保护生物多样性的世界行动与中国力量［J］.世界知识，

2020（20）：66–67.

胡鞍钢.中国实现2030年前碳达峰目标及主要途径［J/OL］.北京工业大学学报（社会科学版）：1–15（2021–01–25）[2021–02–22].

黄磊，张永香，巢清尘，陈超.2020.性别与气候变化［M］//谢伏瞻，刘雅鸣.应对气候变化报告2020.北京：社科文献出版社，2020.

黄磊.这个冬天有多冷［J］.百科知识，2011（05）：4–6

减贫也要应对气候变化（经济透视）[N/OL］.人民网.（2015–11–26）[2021–02–15］. http://finance.people.com.cn/n/2015/1126/c1004–27857282.html

姜大膀，刘叶一.温室效应会使地球温度上升多高？——关于平衡气候敏感度［J］. 科学通报，2016，61：691–694

姜克隽，杨秀.我国低碳城市：推动城市碳先锋，实现碳净零排放.中华环境，2020（04）：24–27.

姜克隽.中国的能源转型：何去何从［J］. 电力设备管理，2020（1）：34–35.

金莉娜，陆怡雅，谢婧媛，等.基于GREET模型的新能源汽车全生命周期的环境与经济效益分析［J］.资源与产业，2019（5）.

李慧明.《全球气候治理制度变迁与挑战》[M］.//谢伏瞻，刘雅鸣.应对气候变化报告2019.北京：社科文献出版社，2019.

李慧明.构建人类命运共同体背景下的 全球气候治理新形势及中

国的战略选择［J］.国际关系研究，2018（4）：3-20.

李俊然，赵俊娟.国际投资协定与气候变化协定的冲突与协调——以国际投资协定的实体规则为视角［J].河北法学，2019(07)：130-142.

李克强.2021年政府工作报告[R/OL].中国政府网.[2021-03-05]［2021-03-06］http://www.gov.cn/zhuanti/2021lhzfgzbg/index.htm

林卫斌，朱彤.实现碳达峰与碳中和要注重三个“统筹”［J/OL］.价格理论与实践：1-3(2021-01-20)［2021-02-22］.

刘啸风.生物多样性保护相关国际公约应对气候变化研究［D］.上海交通大学，2012.

刘振民.全球气候治理中的中国贡献［R/OL］.人民网.（2016-04-01）［2021-02-14］.http://theory.people.com.cn/n1/2016/0401/c367652-28244976.html，2016-4-1

罗伯·贝利.各国政府应鼓励人们改变饮食结构［J］.环境教育，2016（Z1）：46.

绿色和平.食尽其用：海内外食物损耗与浪费产生与再利用模式研究报告［R］.北京：中华环保联合会，2019

美国环保协会（EDF）.拜登气候行动解读（1）：新行政令［R/OL］.（2021-01-28）［2021-02-14］.https://mp.weixin.qq.com/s/5jSttXRmoSDCPaKQimRIcg

孟国碧.论碳泄漏问题的本质及其解决路径［J］.江汉论坛，

2017（11）：128–132.

潘家华，巢清尘，王谋，等.后巴黎时代应对气候变化新范式：责任共担，积极行动［M］.//王伟光，郑国光.应对气候变化报告2016.北京：社会科学文献出版社，2016：1–17.

潘家华，王谋，陈迎，等.中国参与国际气候谈判定位与被定位——公平地认识中国的责任和贡献［M］.//王伟光，郑国光.应对气候变化报告2014.北京：社会科学文献出版社，2014：1–19.

潘家华，郑艳.基于人际公平的碳排放概念及其理论含义［J］.世界经济与政治，2009（10）：6–16+3

潘家华，庄贵阳，郑艳，朱守先，谢倩漪.低碳经济的概念辨识及核心要素分析［J］.国际经济评论，2010（04）：88–101+5.

彭水军，张文城.国际贸易与气候变化问题：一个文献综述［J］.世界经济.2016（02）：167–192.

气候观察（CLIMATEWATCH）.Net–Zero Tracker［R/OL］.［2021–02–15］.https://www.climatewatchdata.org/net–zero–tracker

强化应对气候变化行动——中国国家自主贡献［A/OL］.新华网，（2015–06–30）［2021–02–14］.http://www.xinhuanet.com//politics/2015–06/30/c_1115774759.htm

秦大河，丁永建，穆穆.中国气候与环境演变2012（4卷全）［M］.北京：气象出版社，2012.

秦大河主编.气候变化科学概论［M］.北京：科学出版社，

2018.

人力资源和社会保障部.关于对拟发布集成电路工程技术人员等职业信息进行公示的公告［A/OL］.（2021-01-15）［2021-02-15］.

商务部国际贸易经济合作研究院.高质量共建“一带一路”［N］.人民日报，（2019-05-16）.

生态环境部.中华人民共和国气候变化第二次两年更新报告.http://big5.mee.gov.cn/gate/big5/www.mee.gov.cn/ywgz/ydqhbh/wsqtkz/201907/P020190701765971866571.pdf

生态环境部.关于统筹和加强应对气候变化与生态环境保护相关工作的指导意见［A/OL］.（2021-01-13）［2021-02-15］.http://www.mee.gov.cn/xxgk2018/xxgk/xxgk03/202101/t20210113_817221.html

谭秀杰，齐绍洲.气候政策是否影响了国际投资和国际贸易——京都承诺期碳泄漏实证研究［J］.世界经济研究，2014（08）：54-59.

碳达峰碳中和目标逐渐落地 从部委到行业密集出台［N/OL］.第一财经.（2021-01-17）［2021-02-15］.https://finance.sina.com.cn/stock/hyyj/2021-01-17/doc-ikftssan7526230.shtml

汪燕辉.关于气候传播策略的思考［M］//谢伏瞻，刘雅鸣.应对气候变化报告2020.社科文献出版社，2020.

王绍武等.全球变暖的科学［M］.北京：气象出版社，2013.

王世威.绿色发展、绿色金融与绿色就业创业［J］.甘肃理论学刊，2020（02）：116–121.

王文，曹明弟.绿色发展是新基建的应有之义［J］.前沿观点，2020（3）：32–35

徐晋涛.大国承诺与中国能源模式的必要转型［R/OL］.北大国际发展研究院，(2020–11–09）.［2021–02–15］.https://www.bimba.pku.edu.cn/wm/xwzx/xwlx/jsgd/508240.htm

严刚，雷宇，蔡博峰，曹丽斌.强化统筹、推进融合，助力碳达峰目标实现［N］.中国环境报，2021–01–26（003）.

殷雄.核电的战略定位与作用.中国核电信息网［R/OL］.（2021–02–09）［2021–02–15］.http://www.heneng.net.cn/index.php?mod=news&action=show&article_id=61646&category_id=33

余碧莹，赵光普，安润颖，陈景明，谭锦潇，李晓易.碳中和目标下中国碳排放路径研究［J/OL］.北京理工大学学报（社会科学版）：1–10（2021–01–29）［2021–02–22］.

张建武，李冠.国外气候变化政策的就业效应研究进展及启示［J］.广东技术师范学院学报，2013，34（05）：80–85.

张敏.《欧洲绿色协议》与中欧气候变化合作前景［M］.//谢伏瞻，刘雅鸣.《应对气候变化报告2020》.社科文献出版社，2020.

张小全，谢茜，曾楠.基于自然的气候变化解决方案［J］.气候变化研究进展，2020，16（03）：336–344.

张永香，巢清尘，李婧华，等.气候变化科学评估与全球治理博弈的中国启示［J］.《科学通报》，2018，v.63（23）：9–15.

郑晓雯，付亚南，张佳萱，王彬彬.应对气候变化的青年参与：历史、现状与展望［M］//谢伏瞻，刘雅鸣.应对气候变化报告2020.社科文献出版社，2020.

中国光伏行业协会，赛迪智库集成电路研究所.中国光伏产业发展路线图（2020年版）［R/OL］.（2021–02–03）［2021–2–15］.http://www.chinapv.org.cn/road_map/927.html

中国国家气候变化专家委员会和英国气候变化委员会.中–英合作气候变化风险评估—气候风险指标研究［M］.北京：中国环境出版集团，2019.

中国气象百科全书总编委会.中国气象百科全书（气象预报预测卷）［M］.北京：气象出版社，2016.

庄贵阳，薄凡.从自然中来，到自然中去——生态文明建设与基于自然的解决方案［N/OL］.光明日报，(2018–09–12)［2021–02–14］.https://epaper.gmw.cn/gmrb/html/2018–09/12/nw.D110000gmrb_20180912_1–14.htm

庄贵阳，周伟铎.中国低碳城市试点探索全球气候治理新模式［J］.中国环境监察，2016（08）：19–21.